台湾墨兰

橙花卡特兰

卡特兰

蝴蝶兰

白花红唇蝴蝶兰

条纹蝴蝶兰

秋石斛杂交种：
熊猫1号

春石斛：红星

阿尔马兜兰

胼胝兜兰

黄花文心兰：金唇

文心兰：花猫

大花蕙兰

大花蕙兰

万带兰

艳凤梨

果子蔓

三色彩叶姬凤梨

莺歌凤梨

美叶水塔花

铁　兰

三色彩叶凤梨

美叶光萼荷

月季：明星

月季：红双喜

白花西洋杜鹃

粉花西洋杜鹃

金桂花

丹桂花

银桂花

牡丹名品：昆山夜光

牡丹名品：姚黄

芍药：黑海波涛

芍药：胭脂点玉

茉莉花

毛茉莉花

重瓣一品红

天竺葵

马蹄纹天竺葵

沙漠玫瑰

沙漠玫瑰

叶子花盆景

倒挂金钟

垂花扶桑

水　仙

红口水仙

白喇叭水仙

郁金香：汉米尔顿

郁金香：夜皇后

王百合

大丽花

仙客来

大岩桐

花毛茛

球根秋海棠

丽格秋海棠

荷　花

白睡莲

马蹄莲

菊　花

重瓣非洲凤仙花

新几内亚凤仙花

非洲紫罗兰

欧洲报春花

欧洲报春花

绿帝王喜林芋

金花竹芋

孔雀竹芋

银后万年青

斜纹万年青

中银斑万年青

玛丽安黛粉叶

大王黛粉叶

玛雅之星黛粉叶

乳斑黛粉叶

花叶芋：白鹭

漆斑花叶芋

花叶芋

大花君子兰

金丝君子兰（花叶品种）

金　琥

银　虎

龟甲鸾凤玉（名品）

星球（兜）

三角鸾凤玉（名品）

鸾凤玉：红叶（名品）

多头兜

绯牡丹

绯牡丹锦冠

令箭荷花

海虎兰

翠花掌

生石花：朱弘玉

白花紫勋

花纹玉

丽红玉

露美玉

魔　玉

帝　玉

金　铃

青　姬

雨　月

肉锥花（群生）

宝殿玉

玉 扇

绿玉扇

寿

万 象

玉 露

石莲花（玉蝶）

吉娃莲

黑王子

特玉莲

金晃星

雪　莲

大和锦

家庭名花莳养

编著者

李宪章　李　文　黄琳琳

金盾出版社

内 容 提 要

本书由中国科学院植物研究所李宪章研究员等编著。作者在对目前家庭流行栽培的62种名花形态特征、生长习性、繁殖方法、栽培管理进行一般介绍的基础上，着重对栽培土壤配制、温湿度、通风、光照、浇水、施肥、枝叶修剪、放置地点和病虫害防治等关键环节技术作了精细入微的介绍。该书是广大家庭花卉栽培者一本不可多得的实用指导书籍，亦可供花卉生产及经营者阅读参考。

图书在版编目(CIP)数据

家庭名花莳养/李宪章，李文，黄琳琳编著. —北京：金盾出版社，2008.12

ISBN 978-7-5082-5430-2

Ⅰ.家… Ⅱ.①李… ②李… ③黄… Ⅲ.花卉—观赏园艺 Ⅳ.S68

中国版本图书馆 CIP 数据核字(2008)第 153535 号

金盾出版社出版、总发行

北京太平路5号(地铁万寿路站往南)

邮政编码：100036 电话：68214039 83219215

传真：68276683 网址：www.jdcbs.cn

封面印刷：北京精美彩色印刷有限公司

彩页正文印刷：北京蓝迪彩色印务有限公司

装订：北京蓝迪彩色印务有限公司

各地新华书店经销

开本：850×1168 1/32 印张：5.25 彩页：32 字数：106千字

2008年12月第1版第1次印刷

印数：1～10 000册 定价：12.00元

目　录

一、中国兰花 *Cymbidium*

兰科兰属植物，在我国又称国兰。主要产于我国、日本及朝鲜半岛。

【形态特征】 常绿草本植物，地下具小鳞茎，膨大多节，高1～3厘米，圆形、柱形或扁球形、卵圆形等。每节着生叶片1枚，具贮藏水分及营养功能。叶线形，通常每株具叶3～7片，从新生的假鳞茎上一次长出。新叶要从新形成的假鳞茎上长出。少数种类(如兔耳兰)叶呈狭椭圆形至长披针形。有些品种叶面具各种花斑，称花叶品种。根细长，具共生茎，长可达30厘米；花具花被片6枚，外3片为花萼，已瓣质化，内3片为花瓣，其中下方一片形似唇状，称唇瓣。中国兰花不华丽，但较素雅，清香。

不同栽培种，其形态及开花季节不同。常见栽培的春兰(C. goeringii)，叶3～6片，花葶高10～15厘米，多1葶1花或2花，早春开花，为中国兰花中最香的一种，其花瓣有梅瓣、荷瓣、水仙瓣、竹叶瓣多种。春剑(C. Longibracteatum)叶比春兰直立性强，叶5～7片，花葶高可达30余厘米，具花2～5朵，多者7朵，在春季开花。蕙兰(C. faberi)假鳞茎不显著，叶5～7枚，直立性强，叶基部常对折，横切面呈"V"字形，花葶高可达80厘米，花期为春季，4～5月开花，有花6～12朵。花多为竹叶瓣，也有梅瓣、水仙瓣品种，后二类花瓣都属稀少品种。建兰(*C. ensifolium*)又称秋兰，主要在秋季开花，叶2～6片，花葶高可达30厘米，花通常5～9朵，多为浅黄色。花分素心与彩心两大类。彩心者，花带紫红色斑点或线条，野生者多为彩心，素心建兰(var. Susim)花无彩心，为黄绿色或绿白色，多比彩心品种名贵。墨兰(C. sinense)因开花于春节前后，又称报岁兰，叶4～5枚，叶比其他几种兰的叶都宽，一般宽2.5～4.5厘米，花葶高可达1米，有花7～17朵，萼片披针形，淡褐色，多具5条紫褐色的脉，花瓣短宽，于1～3月开花，少数于秋天开花。园艺上分中国大陆墨兰与台湾墨兰两大类，大陆墨兰叶片宽而质厚，立叶性强。而台湾墨兰叶片较薄，垂叶性强。墨兰中一部分品种花色淡黄，它们的花不具褐色脉纹，泛称白墨类。20 世纪 70 年代在台湾又发现一些墨兰新品种，如 1974 年发现的玉桃，1977 年发现的桃姬，花粉红而娇艳。寒兰(C. kanran)叶3～7 片，11 月至翌年 2 月开花，花葶高出叶面，具花 8～12 朵；萼片长而较窄，长 4～6 厘米，宽 0.4～0.7 厘米，花瓣较短而宽，长 3 厘米左右。这是寒兰与其他兰花的主要区别。花色丰富，多为黄绿色，也有紫红色、深紫色、白色多种。

【生长习性】 喜温暖、湿润和半阴。较耐寒，可耐 5℃或低至 0℃的低温，夏季以不超过 28℃为宜。不能在强光下暴晒。原产于南方林下土层深厚、腐殖质丰富、疏松肥沃、透水性良好、偏酸性的土壤上。故盆栽时需具备上述土壤条件。

【繁殖方法】 分株繁殖，仅育种时用种子繁殖。

【栽培管理】 盆土的配制是种好兰花的最基本条件，中国兰原生于林下肥沃、疏松透气、排水良好的土壤中，故最好用这种产地的腐殖土(又称兰花泥)，也可用泥炭土和腐叶土加少量的河沙及有机肥配制。日本常用破碎的风化岩效果也很好，盆下部颗粒大，上部颗粒小，排水透气性能良好。有的用上水石碎粒种植也十分成功。还有人用水苔加碎砖块种兰也很成功。

总之盆土应疏松、透气，呈微酸性。花盆应选用多孔、透气的瓦盆，优点是透气性好，但不美观。为增强观赏效果可在瓦盆外用美观的瓷盆做套盆。栽培场地应为通风透气、有遮荫而较潮湿的地方；环境湿度以不低于 70％为好。浇水最好用无污染的河水，城市用水可将自来水晾晒 2～3 天再用。兰花盆土应常保持湿润，但水分不能过多，水大易造成烂根。兰花有一定耐旱能力，盆土几日内稍干对兰花并无多大影响。一般来说，表土已干，下部土壤微潮时即可浇水，不要等盆土干透才浇。秋末生长减缓，可减少浇水。盆土可加一些腐熟的有机肥做基肥，追肥可用稀释的有机肥水或 0.05%～0.1%的复合化肥浇施。生长季节大约半个月浇稀肥水 1 次。用肥量通常为草花施肥量的 1/4～1/2，兰花最忌施肥过量。国兰开花前花芽发育需经过一个低温阶段，通常为 1 个月左右，如不能满足低温需求，难以开花。春兰、蕙兰较耐寒，在 0℃或短期零下也可越冬，可维持 5℃左右 1 个月或一冬，使花芽充分发育。建兰、寒兰、墨兰越冬要求温度稍高，可在 5℃～10℃越冬，最好为 10℃，使花芽充分发育。如果温度高，花芽不能充分发育，花芽易在早期枯死或花梗不能伸长，花序低矮。

【病虫害防治】

1. 病　害

(1)炭疽病　发生于叶面，初发时为红褐色小斑点，继而呈深褐色斑点，可引起叶片枯死。如发生于幼苗嫩叶，可引起心叶腐烂，整株枯死。菌丝体在残株病叶上越冬，应将病叶烧毁。以预防为主，注意通风透光，可喷波尔多液或代森锰锌，每 10 天喷 1 次进行预防。发病早期应及时用 70%甲基托布津 500 倍液或 50%多菌灵 500 倍液喷 3～4 次，每 10 天喷 1 次。

(2)黑腐病　多见于叶片，心叶更易发生，病斑紫褐色，水渍状，几天后可引起叶片腐烂，并可侵染到叶茎及假鳞茎，使全株变黑枯死，预防及用药防治可参照炭疽病。

(3)白绢病　发生于土表及兰茎颈部，产生白色菌丝，进而引起侵染部位呈水渍状、腐烂变软。种植前应消毒土壤，发病初期用 500 倍液的五氯硝基苯喷淋病患部。

2. 虫　害

(1)介壳虫　该虫常见发生，孵化期(多在 6 月全月)可用氧化乐果等药喷布 3 次，每 10 天喷 1 次。成虫由于表面有蜡质层外壳，喷药难以消灭，可用内吸药剂，如铁灭克埋于土中，植株吸收后，害虫食花叶时可被杀死。也可用较浓的洗衣粉喷布，在虫体上形成薄膜，封闭虫体，使其不能呼吸而死亡。

(2)红蜘蛛　用三氯杀螨醇喷杀。药用浓度可参见药品说明。

(3)蚜虫　用氧化乐果等药液喷杀。

二、卡特兰(*Cattleya*)

卡特兰是兰科卡特兰属的泛称，原产于中南美洲，从墨西哥至巴西诸国都有分布，以哥伦比亚和巴西为最多，附生于林中树枝上。

【形态特征】 植株有纺锤形的假鳞茎，茎端生1枚或2枚长椭圆形、厚而稍硬的革质叶片，叶面光滑。茎与叶都是贮存营养与水分的器官。假鳞茎长短因品种而异，小的3厘米，长者可达40厘米，但大多在20厘米左右；叶片有角质层，可防止水分丢失，所以其抗干旱能力较强。花生于假鳞茎顶部，通常着花1朵至数朵。通常每个假鳞茎仅开花1次，个别壮茎可二度开花。花后在茎基部发出新芽，发育成熟的假鳞茎，翌年开花，老茎逐渐枯萎。根初生时绿色，以后变白。如根尖折断，根便不能继续生长，因此移苗时应注意保护根尖。花极美丽，因而成为世界名花。花色有红、粉橙、黄、白色多种。卡特兰易于杂交，因此新品种很多，原生种仅65个，园艺品种极多，一年四季都有开花的品种。花由3枚瓣化的萼片、3枚花瓣及1枚蕊柱组成，下方的1枚花瓣变为唇瓣，是花中最美的一枚花瓣，也是一枚高度特化的花瓣。单朵花通常开花时间为2～3周。

【生长习性】 喜温暖、湿度较高、通风、半阴环境。夏天白天温度最好不高于30℃，冬天室温不应低于15℃。昼夜应有5℃～10℃的温差，有益于植株生长。温度降至10℃会影响植株生长与开花，花期推迟或不能盛开，应有60%～80%的湿度环境。喜光照，成株需要50%左右的光照，中小株光照可适当减弱。

【繁殖方法】 商业生产用组织培养法克隆大量幼苗，家庭繁殖用分株法繁殖。在植株满盆时，花期过后，取出植株，去除腐根及开过花的假鳞茎，用消毒过的剪刀(可用开水煮过的剪刀)将植株分离，分离后的每丛应有 3 个假鳞茎并带有新芽，假鳞茎再少不利于新株恢复生长。栽植新株，根系应舒展分布，新芽向着盆边，种植后置半阴处，不浇水也不施肥，但需常喷水，保持新株茎叶舒展，经 2～3 周长出新根后可进行正常管理。

【栽培管理】 因卡特兰原生于林中树上，因此根部必须通气良好。目前常用底部多孔的塑料盆种植，栽培基质常用水苔（又称苔藓，泥炭藓），过去常用多孔的泥瓦盆，现已很少见到。栽培基质也可用碎椰子壳或树皮块。龙眼树皮、栎树皮、红松树皮都是不错的材料。树皮块可用 3～4 年再更换。树皮用前应在水中浸泡2～3 天，树皮块直径以 0.5～1.5 厘米大小为宜。水苔材料易买到，但易腐烂，通常用 1～2 年就需更换。可用发酵的固体肥料或市售兰花专用肥。生产单位为降低成本可用自制的腐熟发酵肥料。家庭养兰，可在花市买兰花专用肥，按说明书要求使用。如果是市售粉剂，为复合化肥，应配成 0.1%～0.05%的浓度使用。兰花用肥比普通草花用肥量少，通常仅为草花用肥浓度的 1/4。兰花肥通常分营养生长期用肥与花期用肥。

春天为卡特兰开始生长期，应增加浇水次数。应根据栽培基质干湿程度浇水，通常 3 天左右可浇水 1 次；半个月施稀液肥 1 次。夏天为生长旺期，可增加浇水与施肥次数。特别在 8 月份前后，花芽开始分化，可在花期施肥，又名开花肥。开花肥的磷、钾成分比春天用的肥料含量多些，有利于花芽分化和茎的粗壮。可每 7～10 天浇施 1 次。秋天天气渐凉，浇水施肥应减少，天渐冷时可停止施肥。越冬温度应不低于 15℃。如温度低，开花会推迟，以白天 25℃左右、夜晚 15℃左右为宜。在这样的温度中，花芽可正常生长、开花。昼夜温差为 5℃～10℃，有利于茎叶生长与开花。冬季除了增温之外，增湿也是一个重要的条件。北方室内有暖气，冬季温暖、空气干燥，最易引起花蕾干枯，应设法增加湿度，可将花盆置于较大的浅水盆之上，靠水分蒸发提高小环境湿度。或在花盆周围多喷水，或将花盆放置于加湿器旁。冬季光照柔和，不必遮光。春、夏光照较强，应遮光一半。光强易引起叶片发黄。卡特兰在洋兰中属较喜光的一类，虽需遮光，但光照不足也影响植株生长。卡特兰多在冬、春开花，光照应稍强些，即使叶片稍黄，也不至于影响植株生长，反而对开花有利。卡特兰需要较高的空气湿度，一年四季都应设法增湿。夏天可置楼房的北阳台上；上搭塑料棚遮雨，并常向花盆四周喷水以增湿降温。如有条件，在居室北侧地面上搭荫棚养护，常在地面喷水，这样既可提供适宜的光照，也易于增湿、降温和通风，提供适宜卡特兰生长的环境。各生长期应防止浇水施肥过多。卡特兰短期内不怕缺肥，也因叶表面有较厚的角质层而较耐干旱。如水大肥大易引起根部腐烂，应予以重视。

卡特兰有时会有介壳虫为害，应经常观察，及早发现，及时除虫。最简单的办法是用毛刷将介壳虫刷在纸上，而后烧毁。

三、蝴蝶兰 *Phalaenopsis*

蝴蝶兰是兰科蝴蝶兰属植物的统称，因花形似蝴蝶而得名。原种产于亚洲及大洋洲的热带及亚热带地区，以菲律宾、印度尼西亚和马来西亚为中心。我国台湾、海南、云南省有原生种 6 个，全属约有原生种 40 余个，多附生于树枝及长满青苔的悬崖上。为世界著名花卉。

【形态特征】 茎短而不明显，茎上生数枚长椭圆形稍肉质的叶片。叶绿色，背面淡紫红色。叶片交互排列于短茎上，每年可新生叶片 2～3 片。叶面颜色和花色有一定相关性，绿色者多开浅色花，如白色花；开红色花者叶面常具红褐色。根从节部长出，为气生根，粗长发达、肉质，具吸收和贮藏养分及水分功能；见光可变绿色，又有光合作用功能。发达的根系在野生条件下用于攀附树干和岩石表面，花盆种植时常会露出盆外。新根常在春、夏发生，生长期约 2 年。新根形成时，根尖碰掉，根便不能生长，种植时切勿损伤根尖。花梗从叶腋生出，高多在 30～50 厘米，拱形，端部常着花 10 朵左右。花从下部依次向端部开放，花色多种，极美丽。每朵花在 20℃左右通常可开放 1 个月，一个花序通常可开花两个月左右。

【生长习性】 喜温暖、湿润、半阴环境。不耐干燥与低温。适宜生长温度为 18℃～28℃，低于 15℃停止生长，低于 5℃会死亡，高于 32℃也会停止生长。环境湿度以 70%～80%为宜。

【繁殖方法】 目前主要通过组织培养方法克隆小苗。植株开花后，常会在花枝上长出芽并长根，形成小株，可切下种植。植株茎部不会长芽，所以靠自身繁殖量极少，可购买试管苗种植。

【栽培管理】 通常用底部多孔的塑料盆栽植，用水苔作栽培基质，这样有利于通气，根部保湿。环境温度以白天 25℃～28℃、夜晚 18℃～20℃最为适宜。冬天应不低于 10℃才较安全。春天随着气温的上升，生长开始加快，可增加浇水和施肥次数，通常可半个月浇施 1 次兰花苗期专用肥（该肥在市场上可买到）。如果是固体肥料，以 0.05%～0.1%的浓度为宜，且不可浓施肥料，以免造成根系腐烂。蝴蝶兰原生于林中树上，靠腐叶及空气中的氮合成营养，其养料是很少的，蝴蝶兰依此生存下来。故此在人工栽培下，只能提供极稀薄的养料才适合它的生长。施肥的原则是宁淡勿浓。浇水可根据基质干湿情况，以水苔不过湿为原则，可稍干后再浇水。水苔过湿，根部通气不良，易引起根腐烂。夏季及初秋，天气较热，如温度过高，应通风降温，营造一个良好的生存环境。一般来说，这一时期为旺盛生长期，对水分需求量大，盆内水分蒸发也快，因此应增加浇水次数，每 10 天浇 1 次兰花专用肥。如果温度超过 32℃，也可停止施肥，夏天光照强，应注意遮光，通常应遮光 60%～70%，夏天应将植株置于北阳台或室外房北侧搭棚养护。如能离地面放置更好，这样易在周围喷水降温增湿，通风也良好，适宜植株生长。秋凉后，生长又会趋缓，应减少浇水与施肥次数。较冷凉时，可完全停止施肥。如管理得当，从小苗养植起，通常经过 1 年半至两年的养植，植株可以开花，以后可年年开花。秋天也是花芽产生的季节，应施用兰花开花肥，开花肥中磷、钾含量比苗期用的肥含量多些，而氮素相应少些。通常10月前后，气温降至18℃以下，此期为花芽的分化期，约需1个月花芽可完成分化。花芽分化后，如室温维持在20℃～25℃，经过3～4个月的养植便可开花。花期不必施肥，只需适时浇水。花期过后，水苔经过长期的使用，开始腐烂，透气性变差，对根系生长不利，从而影响植株正常生长，应换新的水苔重新种植。换盆的时间应以气温为准，温度低，换盆的植株恢复慢，管理不易，易造成死亡。温度稳定在20℃以上时新根开始生长，为适宜的换盆时间。更换的新水苔应浸泡1天后，使其充分湿透，挤去过多的水分，老植株的烂根应剪掉，栽植于新水苔中。新换盆的植株，应置于荫蔽处半个月，常喷水，适当浇水。待植株恢复正常后，可开始施肥浇水。换盆时应注意不能伤断好根，并应让根在盆中均匀散开。在兰花的全年生长过程中应注意通风，有足够的湿度，最低也应该维持50%以上的空气相对湿度；夏天应遮光，闷热天尤其应注意通风降温。

四、石　斛 *Dendrobium*

石斛是兰科石斛属植物的总称，主要产于亚洲热带地区及澳大利亚等地。我国约有60种原生石斛，主要产于云南、贵州、广西及台湾省，在我国有久远的栽培史。与卡特兰、蝴蝶兰、万带兰并列为观赏价值最高的四大观赏兰类。

【形态特征】 石斛植物是一个大属，原种有1 500～1 600个，分布地区广泛，因而形态特征与生物学特性也较复杂。石斛为附生类植物，假鳞茎丛生，细长圆柱形，贮有营养与水分，有一定的抗旱性。茎长因种而有差异。生长季节从茎基长出新芽，长年发育成新的成熟假鳞茎。叶披针形或椭圆形，常互生或近对生，绿而有光泽。根为气生根、肉质，花美而且开花持久，花色多种。依生物学特性分为落叶类石斛与常绿石斛两大类。前者在秋凉干旱时落叶休眠，仅留一丛无叶的假鳞茎。常绿石斛生于温度较高的热带地区，无休眠期，四季常绿，叶片常可维持数年不落；花序由假鳞茎顶部及附近的节上抽出，形成一个较大的花序，有花数十朵。落叶石斛常在春天开花，在前一年的假鳞茎上部节上抽出花序，每束具花 2～3 朵，每节都有花。落叶石斛茎秆仅在节处于春季开花 1 次，花后老茎逐渐皱缩干枯，从基部产生新的假鳞茎生长成新的植株。依开花季节，人们又将春天开花的石斛列为春石斛，将秋天开花的石斛列为秋石斛。由于品种的改良，一些秋石斛只要条件适宜，可四季开花，而不限于秋季，并且一株可开花数次。秋石斛都是常绿石斛，是重要的切花品种。

【生长习性】 喜温暖、高湿、半阴环境。落叶类石斛冬季耐较低的温度，可低至 10℃，甚至更低，只要不降霜，就不至于枯死，而且只有经过 1 个月的 10℃低温才能刺激花芽的形成。常绿石斛在冬季温度不能低于 15℃，常绿石斛与落叶石斛生长季都要求较高的温度与湿度，在冬季也需要较高的温度与湿度，生长季应保持 70%左右的湿度。石斛对温度反应敏感，昼夜温差在 10℃～15℃时茎叶才能良好的生长；如温差过小（如 5℃左右），枝叶难以茂盛。生长需 1 个明亮的半阴环境。

【繁殖方法】 分株或扦插繁殖，盆栽植株 2 年，根系已丰满，盆栽用基质（水苔）也已腐烂，应结合换盆分株，将原株中老茎老根去掉，分成每丛不少于 3 个假鳞茎的丛株，用新基质重新种植。也可将茎切成 2～3 节为一茎段，插于水苔中露出 1/2，置于半阴、潮湿、较高的温度环境中，不久会由茎节处长出新芽及根，发育为新的植株。

【栽培管理】 应选用多孔的花盆，也可将塑料盆四壁穿透若干个孔，以增强透气性，盆栽基质目前常用水苔，当然也可用其他物料，如椰壳碎块、树皮碎块等。春天是生长活动期，茎基部开始萌发新芽，并长新根，也是春石斛的开花期。花期不必施肥，只需浇水。

开花植株约有1个月的花期，花期过后应剪去残花；将植株移于室内光照充足处。花后植株新萌生的芽生长增快，应增强肥水管理。浇水应以不干不浇为原则，基质保持半干半湿状态即可；可用0.1%兰花肥每周浇施1次或10天浇施1次。此时若植株密集，应在花后分株换盆。夏季更是植株旺长时期，夏末至初秋，新芽可达到老茎的高度，为了促进新苗的生长，应注意维持充分的光照。但中午应遮光50%，以免强光灼伤叶片。夏季温度高，水分蒸发快，应注意盆栽基质干湿变化，每天需浇水1～2次，还要用水喷叶面，维持凉爽高湿环境，要注意通风。天气闷热，植株易受病虫害。可每周浇施一次稀液肥，7～8月份可改施含磷、钾较多的兰花开花肥。秋凉后，生长变缓，植株不再生长新芽新叶，茎也变得肥大，所需营养不多，可停止施肥，只在水苔表面干时浇水，大约2～3天浇1次水即可。初冬，气温为10℃或更低时，正是春石斛的花芽形成期，约经1个月的低温花芽可明显形成，此时应注意保持干燥，每周浇水1次，这样有利于花芽生长。花芽形成后，若想在春节开花可逐渐提高室温，适当增加浇水次数，以促使花芽生长。冬季也是空气相对湿度较低的季节，应注意保持50%左右的湿度，常在植株上及周围喷水，促使花蕾发育。根据其所需开花时间，调整温度。以上是春石斛的基本管理方法。

秋石斛冬季室温不能低于15℃，最好能维持20℃以上的室温。低于15℃，对其生长不利，10℃则易发生寒害。温度不高于20℃也应停止施肥、控制浇水，肥水不当易造成烂根。秋石斛管理和春石斛大体相似，但要求更高的温度。夏季是秋石斛生长旺季，也是花芽形成期，应在夏初开始施用开花肥，每周施1次，每天浇水1～2次；而夏末花芽形成时，可减少浇水，每3天浇1次，以促进花芽的生长。当花芽明显抽出时，可恢复早晚浇水1次，并继续每周施1次开花肥，使植株积累养分，供开花用。在花开放时，应停止施肥，但应常用细雾状水喷洒植株以增加湿度，保证花蕾正常开花。秋天空气较干燥，植株环境湿度不够，花蕾易干缩而不能开花。未开花的植株，在秋季天尚未凉时仍应正常浇水施肥，增强植株的抗寒性，为过冬做好准备。

五、兜兰 *Paphiopedilum*

兜兰是兰科兜兰属植物的泛称。其花形似拖鞋，又名拖鞋兰，主要分布于我国西南部，喜马拉雅山至亚洲西部及印度尼西亚至新几内亚的广大地区。全属约有 65 个原生种，我国有 10 余种，而且有像杏黄兜兰那样极其珍贵的原生种。我国的兜兰主要产于云南、贵州、广西等省、自治区，有些种早已被引入欧洲，为现代杂交品种提供了宝贵基因。

【形态特征】 茎极短而不明显，叶近基生。叶数枚呈 2 列排列，狭椭圆形或近带状，长 10～30 厘米，宽 3～4 厘米，中脉明显，叶质稍厚，叶绿色。有些种叶面有大理石一样的花纹或淡色斑点。多地生，少数附生，地生者生于林下腐殖质丰富的疏松土壤中，根为须根，少而细，多为棕色。一些热带兜兰的根为肉质、数量不多而且娇嫩。花多单生或 2～3 朵，花形奇特，唇瓣拖鞋状，萼片也较特别，背萼发达，呈扁圆形或侧心形，并常有鲜艳的花纹；侧萼常生在一起，着生于唇瓣之后，称腹萼，多不显著；两枚侧花瓣常呈长椭圆形，有的长如飘带，花色多不华丽而较雅致、庄重，花色有白、浅绿、红褐、紫红、粉红色及稀有的黄色；花茎高 10～30 厘米，花寿命较长，单花期多在 1 月以上。一年四季都有开花品种，但多开花于春、夏季。

【生长习性】 原产于凉爽山区的品种喜凉爽气候，可耐 5℃低温，也耐 30℃的较高温度。原产于热带的品种不耐低温，温度为 10℃就可产生寒害，适宜温度 20℃～30℃，都喜湿润的环境，湿度以 70%～80%为宜，其与其他洋兰相比更喜阴，宜于弱光下生长，夏季应遮光 60%～70%，春、秋天也应遮光 30%，冬季不必遮光。

【繁殖方法】 分株繁殖。植株在茎基产生子株，在花后可结合换盆分株，每丛2～3苗。兜兰根少且细弱，分株时应除去腐根，但应避免伤根及新芽，新株换土种植后月余再结合浇水施稀薄液肥。不可过早施肥，以免造成根系恢复生长期的伤害。

【栽培管理】 兜兰多为地生，常用泥炭土及腐叶土种植，如是附生品种可用水苔、树皮块、蕨根等做基质栽培。盆底应多孔，并应先填入盆高1/4的碎砖块或木炭块，以利于透气和排水。

兜兰没有假鳞茎，根系不发达，抗旱力弱，盆土及环境应经常保持湿润，干燥季节除盆土湿润外，还应常向叶面及植株周围喷水，以补充根系吸水之不足。除秋冬季因气温低，植株停止生长外，生长季节应2周施稀液肥1次，化肥浓度应控制在0.1%～0.3%。用水苔、树皮块等做栽培基质的因保肥力差，可7天施稀液肥（浓度为0.05%～0.1%）1次。花期不需施肥，只需适当浇水，花期过后可分株繁殖或更换新土，并从基部去除花枝，以免消耗养分。春、夏、秋季天暖时，除遮光保湿外，应正常浇水施肥促进生长。秋凉后应控制浇水施肥，天冷时则应停止施肥。应注意的是天冷后原产于山区喜凉爽的兜兰需经过一个昼夜温差较大的温度刺激才能诱发花芽分化，其昼夜温差应在10℃～15℃并维持1个月。如不经过这一温差刺激，尽管精心种植，也只长叶而不会开花。在广东，为解决这一问题，人们晚间将植株放入5℃的冰箱中，白天取出，实施人工低温管理1个月，刺激花芽分化，诱使开花。原产于热带的兜兰全年生长温度应保持在20℃～30℃，冬季不能低于15℃，因此天冷时应早入室，保持20℃左右的温度。热带兜兰的根多为肉质，数量不多而且娇嫩，对肥料浓度更为敏感，春、夏季施肥以2 000倍液的复合化肥为宜，在低于20℃及开花时应停止施肥。同耐低温兜兰一样，热带兜兰花后盆内有5～6株苗时便可分株。

六、文心兰 *Oncidium*

文心兰是兰科文心兰属植物的统称，又名跳舞兰、金蝶兰。原产于中南美洲的热带及亚热带地区，以巴西、哥伦比亚、厄瓜多尔和秘鲁为最多。全属约有400种。

【形态特征】 该植物种类多，因而形态多种多样。多为附生种，少数地生。一些种具假鳞茎，一些种无假鳞茎。国内作为花卉种植的为大株型具纺锤形的假鳞茎，具叶3片左右。叶长披针形，长可达30厘米，薄革质；假鳞茎长10厘米左右，端生叶1～3枚，花枝粗壮、大型，花黄色。全花似一个身穿舞衣的金色少女，唇瓣大而呈小提琴状，上有红褐色的斑点；侧萼片退化，而顶萼片与侧瓣同形、较小，合蕊柱粗而短。花市常见的为杂交品种金唇(O. Boissiensis)，尚有红褐色花的其他品种。在园艺上，可分为薄叶、厚叶、剑叶三大类群，有的种类仅开几朵花，但目前市场流行的为黄色或红色多花型品种，且花期长。如金唇，几乎一年四季均可开花。

【生长习性】 喜高温、半阴环境，湿度应不低于60%，生长适温20℃～30℃，越冬温度热带种应不低于15℃，亚热带种应不低于8℃。夏季应遮光50%。

【繁殖方法】 分株繁殖。花后结合换盆更换基质，分株。

【栽培管理】 多用底部多孔的塑料盆种植，用水苔做栽培基质。大多数文心兰生长适宜温度为20℃～30℃，冬季不应低于10℃。春天回暖，植株开始生长，可增加浇水次数，并半个月施稀液肥1次。随着夏天的到来，生长更加旺盛，而文心兰是较喜肥植物，在春暖及夏、秋可每周浇施1次1 000倍液的复合化肥，天冷后应控制浇水，停止施肥。夏天要注意通风遮光，勤施水肥以促进生长，冬季则可几近停止浇水，盆栽基质只要能维持稍湿即可。文心兰花序较大，开花前应用铁丝或竹条捆绑、扶持。冬季应保持较高的环境湿度，尤其生长季节湿度更显得重要。

七、大花蕙兰 *Cymbidium*

属兰科兰属，为一些大花型附生类原种与其杂交种的总称。原种主要产于我国西南部的云南、贵州、四川、西藏和南亚的印度、缅甸、泰国及越南等国的高海拔地区，原种为附生类植物，靠根系附着于树干及岩石生长，共同特点是花大。市场销售的主要是杂种大花蕙兰。

【形态特征】 植株高大，具大小不等的假鳞茎，球形或卵形，大者如成人拳头。叶从茎部长出，线状，长可达 1 米。花芽及新株芽从鳞茎基部长出。花梗高 50～80 厘米，具花 10 余朵至几十朵，花大，花直径可达 10 余厘米。花大色艳，花色多种，瓣质厚，花期通常在 2 个月左右，为冬、春的重要花卉。根粗壮肉质，长而无须根。

我国有许多原种大花蕙兰，它们在现代杂种大花蕙兰的育成中起着重要作用。如独占春、西藏虎头兰、美花兰等。独占春(C. eburneum)，半附生或地生，花期在春季，花茎直立或稍倾斜，有 1～2 朵洁白的花，花直径 10 厘米左右，是育成第一个杂种的大花蕙兰的亲本，并有大量的杂种后代。西藏虎头兰(C. tracyanum)，附生种，假鳞茎较大，冬春开花，花茎长 80～100 厘米，斜生，有花 7～13 朵，花径 10～13 厘米，浅黄色，布满红褐色的斑点和条纹，是黄色花大花蕙兰育成的重要亲本。美花兰(C. insigne)，假鳞茎粗壮，花序近直立，有花 5～15 朵，花直径 9 厘米，淡玫瑰红色，鲜艳美丽；地生或半附生，是许多著名杂种大花蕙兰的亲本或具该种的血缘关系。

【生长习性】 喜温暖、湿润、半阴环境。适生温度 10℃～25℃，越冬低温 10℃左右，也能耐 5℃左右低温。

【繁殖方法】 分株繁殖，花后，将植株从盆中取出，新苗与老株3个为一组，分割种植。

【栽培管理】 常用较小的底部多孔的塑料盆做盆栽，栽培基质常用水苔，也可用碎木块、碎椰壳、蕨根等材料。冬天买到的开花植株可置于室温15℃～25℃光照环境处，并应营造一个较高的湿度环境，花期应停止施肥，只需浇水和在植株周围喷水。花期约2个月，花后应剪除花茎，减少养分消耗。春天天气渐暖，生长活动开始，可开始施肥，每10天浇施1次兰花专用肥。夏天是其旺盛生长期，可将植株置于北阳台处或北侧房间地上阴凉处，最好置于荫棚下通风处，地面常喷水，还可降温增湿，能把温度控制在30℃以下最好，超过30℃不利于植株生长。每月可施1次有机肥，并每10天浇施1次兰花液肥。夏季应遮光50%，以免兰叶在强光下变黄。9～10月天气渐凉，可减少浇水施肥次数，常在叶面喷水，半个月施兰花开花肥1次，开花肥中磷、钾元素较多，可使假鳞茎粗壮并有利于花芽生长。花芽形成需要一个低温期，否则很难形成花芽，因此在寒流到来之前，应将植株置于室外冷凉处，保持5℃～10℃1个月时间，但要注意天气变化，不能受凉，室外温度低于5℃时可移入室内。没有这段低温期，花芽难以正常分化并生长。在这一时期，应注意摘芽，即保留适当的花芽与叶芽。花芽短粗，呈纺锤形，而叶芽细长，通常一盆留3～4个花芽，并留几个叶芽。如此时无花芽形成，仅有叶芽，应摘除所有叶芽，也许会形成新的花芽。如果到12月底仍没有花芽形成，则无开花希望，只能让已形成的叶芽继续生长，形成新的植株。11～12月为花芽发育期，室温应保持在15℃～20℃，过低的温度会延迟开花，过高的温度也不利于花芽生长。春节前后的两个月如室温在15℃～25℃，并维持较高的湿度和光照，植株会开花，开花的植株只需浇水并停止施肥。栽培的植株不开花，可能是平时施肥不当、氮肥过多所致。氮肥多常引起茎叶过度生长而抑制花芽形成。花芽形成期，缺少低温刺激可能对开花的影响更大。花蕾形成时，如室温过高，超过25℃，且室内空气干燥常常引起花蕾干缩脱落，因而在花蕾形成期应将室温控制在 20℃左右,设法增加环境湿度,以防止花蕾干燥脱落。

八、万带兰 *Vanda*

本属植物原产于亚洲的热带与亚热带地区及澳大利亚,全为附生植物,生于树上或岩石上。全世界约有 60 个原生种,我国有 10 余个原生种,主要产于云南南部。中文名为拉丁文的音译,也常写成万代兰。

【形态特征】 茎为单轴茎,茎干明显,较坚硬,不断向上生长。有的茎有分枝,并呈攀援状,长可达 1 米多。叶排列于茎两侧,叶面有厚角质层;能耐较强的光照并具有较强的抗干旱能力。叶形有 3 种形态:扁平而背呈龙骨状,横切面呈"V"字形、圆柱形或半圆柱形。并在叶平面中央有一纵槽。花茎从叶腋生出,常具花 10～20 朵。单花开放 2～3 周,每个花枝可开花月余,花大而鲜艳;唇瓣不像其他洋兰的唇瓣大而明显,但瓣质的萼片与花瓣常等大,似一个 5 片花瓣的花朵。花有紫红色、粉红色、黄色、白色及其他洋兰少有的茶褐色及天蓝色。根粗壮发达,不仅有缠绕支撑茎干直立向上的作用,还有吸收水分及养料作用。茎上常有根生出。

【生长习性】 喜高温、高湿及较强光照的半阴环境。适生温度 20℃～30℃,低于 15℃停止生长,5℃会因寒冷而死亡,空气湿度应保持 70%～80%,与其他兰花相比,需较充实的光照,否则不开花。炎夏需遮光 30%～40%。

【繁殖方法】 切取带气生根的上端嫩枝或母株基部带气生根的子株扦插,保持较高的温度与湿度及适当的光照。当根部发育完好生长时,可施肥。

【栽培管理】 万带兰产于高温高湿地区,因此种植环境应长年保持高温高湿才能正常生长。室温不应低于 20℃,栽培基质常用透气性好的树皮块、椰壳块、蕨根或碎砖块。万带兰在热带国家，由于当地高温高湿，较易种植，但在我国大多数地区因不具备这些条件，种植有一定难度。冬季室温应不低于 20℃，由于冬季室温较低，生长常停止，可停止施肥，常向叶面喷水，保持较高的湿度，也可用透明塑料袋覆盖植株保湿。春暖后，气温上升，在 20℃以上时可浇水施肥，复合化肥浓度应控制在 0.1%以下，10 天左右浇施 1 次。夏天高温是其快速生长时期，每天除浇水外，还应常向叶面喷水，可 7 天施 1 次稀化肥液。夏天光强，应遮光 30%～40%，并注意通风。盛夏也是万带兰盛花季节，花期前的 2～3 个月可施用兰花开花肥促使花开。由于万带兰夏季生长最盛，常在夏季花后换盆，更换栽培基质，可较快恢复生长。由于万带兰根系发达，换盆时应尽量避免伤根。

九、艳凤梨 *Ananas comosus cv. Variegata*

艳凤梨是凤梨科凤梨属植物，系食用凤梨（菠萝）的一个变种，又名金边凤梨，原产于巴西。

【形态特征】 陆生种。叶片线形，坚硬，长 60 厘米左右，宽 3～5 厘米，叶中央绿色，两侧叶缘宽、乳黄色，叶缘具刺，十分美丽。叶螺旋状排列形成一个密集的莲座状叶丛，花序球形或椭圆形，小花紫色或白色，花后形成多肉多汁的聚合浆果，果上端有一个王冠状的叶丛，并生有芽，称冠芽。全株叶色美丽，并具有一个美丽的果实，十分招人喜爱，是重要的观叶观果植物。

【生长习性】 喜光照、温暖、稍湿润的环境。生长适温为 25℃左右，可耐 5℃低温。

【繁殖方法】 扦插繁殖。植株基部可产生幼芽，长根后可切下繁殖。冠芽在果实成熟后也可切下扦插繁殖，可扦插于蛭石或珍珠岩中，待生根后上盆。

【栽培管理】 盆土用普通培养土（即加有机肥及腐叶土的砂壤土），但人们常用更优质的基质种植，常用泥炭土加一些粗沙及有机肥种植。栽植恢复生长后，可正常施肥浇水，盆土干后浇水，10 天至半个月追稀腐熟有机肥 1 次。艳凤梨喜光照，春、秋天可在全日下生长。夏季光强，可遮光 30%左右。冬季室内摆放时也应置室内光照处。光照不足时，叶色不鲜艳，小菠萝表面颜色也不鲜艳，影响观赏。艳凤梨耐旱性较强，对北方室内干燥的气候也有适应能力，春、夏季室外种植时，可常向植株及周围喷水，增加环境湿度。夏天炎热光强，可置于阴凉处或置半阴环境处，避开强光照射。秋凉后可搬回室内光照处。如室温不高，应控制肥水，减少施肥浇水次数，低温时应停止施肥。艳凤梨在北方种植较难开花，当植株较大时，如种植 1 年左右并有近 20 片叶时，可用人工催花办法催花，使其早开花结果。最简易的办法是用苹果催花。选健壮的植株，浇透水，然后用透明大小合适的塑料袋将整盆植株套好，将 1～2 个熟透的苹果放入，将袋扎好，放光线明亮处。熟透的苹果可释放乙烯而诱使植株花芽形成。放置 7～10 天后，把塑料袋取下正常管理，大约 1 个月后可出现花芽。当花芽出现时，仍应向叶丛中浇水，不必担心花芽会被水淹烂，如果缺水和必要的湿度，反而会对花芽生长不利。从发现花芽至开花需要 2～3 个月的时间，温暖和光照有利于花序的发育。

十、果子蔓 *Guzmania*

本属中文名为拉丁名的音译，国内又称擎天属、锦绣凤梨属等。原种近 130 种，陆生或附生，原产于南美洲。观赏用的都是一些附生种的杂交品种，品种多而美，被认为是凤梨科中最漂亮、商业价值最高的一个属。

【形态特征】 多为大中型种，也有一些小型种。株高一般在 50～100 厘米。叶长带状，较软，为绿色，平滑而有光泽；叶长 50 厘米左右，呈疏散的莲座状排列。花茎粗，从叶丛中直挺而出，高出叶面，一些花序圆锥形，穗状或群聚成似头状花序，故有“擎天”

之称。花茎上有鲜艳的带色叶状苞片，如红色、黄色、紫色、白色等，为主要观赏对象，观赏期长，可达数月。花生于苞片处，管状花，黄色或白色。本属植物中，较大一部分品种鲜艳的苞片生于花茎上，俯看似星状，常以苞片颜色称红星、黄星等。但也有些种类花序较集中，也广为种植，美观而又名贵，如松球凤梨(G. conifera)，中大型种，叶带形、绿色；穗状花序呈球形，形似松果，苞片小而密生，红色，尖端金黄，美观而又名贵，从扦插小苗于开花需 3 年左右。火炬凤梨(G. 'Torch')，中型种，叶绿色，短穗状花序如同火炬，花序的小苞片顶端黄色，下面的几片较大的苞片鲜红色，整个花序似火炬一般。柠檬果子蔓(G，'limons')，具有美丽的复穗状花序，花茎粗，红色，苞片深红，小花鲜黄，集生成几个小球，十分美丽。

【生长习性】 喜温暖、湿润、半阴环境。生长适温白天21℃～25℃，夜晚 16℃～18℃，夏季如超过 35℃应降温，适宜生长的昼夜温差为 10℃。冬季温度以不低于 15℃为宜，低于 15℃停止生长，低于 10℃易受寒害。喜明亮光照，忌强光直晒，夏季应遮光 50%左右。环境湿度以 70%左右为宜，至少应保持 50%以上的空气相对湿度。

【繁殖方法】 植株花后，基部常会长出几个幼芽，当芽长到 10 厘米时，可用刀将芽切下扦插。扦插的温度在 25℃以上适宜长根，扦插基质可用蛭石、珍珠岩或泥炭土，常喷水，保湿，1 个多月可生根，生根前后，可向叶面喷 0.1%浓度的复合化肥液，有促进生根与生长效果。扦插最好于春、秋季进行。

【栽培管理】 栽培基质常用 3 份泥炭土加 1 份粗沙及少量腐熟的有机肥配制，这样的基质保湿，也较疏松、透气。扦插生根的小苗上盆时一定要掌握好种植深度、小苗的叶丛中心应与盆栽基质面齐平或略高。如种植深了，易引起茎腐烂。上盆后应置于阴凉处，基质保持湿润，常喷水保湿，增加空气湿度，基质表面 1～2 厘米厚的土层干时再浇水。不必过度浇水，如水过多，盆土透气性不好，不利于幼苗恢复生长。当植株恢复生长后，叶面喷肥可选用观叶植物的叶面肥或凤梨专用肥，配成 0.05%～0.1% 的浓度喷施。果子蔓属植物原生于树上，叶片基部有鳞片状吸收组织，叶面吸肥能力比根吸肥能力更强些，因此要重视叶面施肥。春、夏、秋温暖季节可每 10 天叶面喷肥 1 次，直至天冷。与此同时，每半个月也可浇施一次稀液肥。本属植物稍大时，叶丛中心会形成一个筒状结构，由数枚叶片基部包围形成。它在林中野生时就有贮水和吸收养分的功能，在人工种植条件下，仍应向叶筒中灌施 0.1% 浓度的复合化肥液。叶筒中的叶面有吸肥能力，叶筒中的水也有保湿作用。夏天可将植株移置北阳台养护，北阳台仅早晚见光，也通风，应常喷水增加湿度，天冷入室后应置居室南侧光照处，此时的光照强度不大，有益于植物生长，冬季室温低时应停肥，并控制浇水，盆土干一半或更多时再浇水也无影响，水大极易引起烂根。自然生长开花常需种植 2 年或更长时间。当植株正常生长 14 个月左右时，实际植株已生长成熟，可采用人工催花办法促使早开花，除了用苹果进行催花外，还可用乙烯利催花。乙烯利用水稀释可释放乙烯，有催花作用。化学试剂商店可以买到小包装的瓶装乙烯利水剂，一般为 10 毫升包装，浓度为 40%。如果种的是果子蔓或丽穗凤梨等叶片薄而软的叶片品种，可用针管抽取 1 毫升，溶于清水中，将稀释的溶液倒入无水的叶筒中，处理后的两天内不要向叶面喷水，以防止药液被稀释。处理前后各停肥 3 周，处理后 2～3 个月会出现花芽，以后会逐渐开花。此外，还有用乙炔气体处理催花的方法，即电石遇水会产生乙炔气体，乙炔有催花作用。可用 5～10 克电石投入 1 升水中，用 5 毫升倒入叶筒中，也有催花效果。还有用 5～10 毫克/升萘乙酸(NAA)5 毫升倒入叶筒中催花的办法。

【病虫害防治】 凤梨类植物叶片多为革质，质地稍硬，叶面常有蜡质，因此极少发生病虫害。平时注意通风透光，一般无病虫害发生。常见的却是生理性病害，如长期使用碱性水或在叶筒中放入的肥料太浓，可引起叶丛中心变软腐烂；日光过强，引起叶片灼伤。只要注意，这些生理性病害是可以避免的。偶见有介壳虫发生，它们可吸食汁液，造成伤疤，使植株有失美之感。如介壳虫量少可用小刷子刷除，如虫量大可用 1 000 倍液的氧化乐果或 2 000 倍的速扑杀溶液喷洒 3 次，最好在介壳虫幼虫发生的 5～6 月喷杀，效果更好。也可用 10～20 粒的铁灭克颗粒埋入盆土，为凤梨植株吸收，介壳虫啃食凤梨叶片时被毒死。有时也会有红蜘蛛为害，特别是小苗阶段，被害处会出现失绿的淡黄色斑点，可用三氯杀螨醇或克螨特等农药喷杀。

十一、三色彩叶姬凤梨

Crgptanthus bromelioides ‘*Tricolor*’

凤梨科姬凤梨属植物，原产于巴西。

【形态特征】 多年生常绿草本，地生种，植株低矮，茎极短，通常难以看见。叶丛莲座状，叶几乎贴地面生长。叶片带状，叶缘波浪状，具小锐齿，叶质硬；叶色鲜艳、美观，长约 20 厘米，宽约 3 厘米，叶面中央有纵向的绿色条斑，并夹杂有乳黄色细条斑；叶缘有乳黄色的宽镶边并带有红色晕，幼叶更泛浅紫粉色，叶缘细刺红色。本种是本属中体型较大、色彩最为艳丽的一种。本属植物花小，花期不定，主要用于观叶。叶普遍呈莲座状，横向平铺生长；株小，叶色多种多样；因而最适于室内明亮处的桌案摆放。全属有 20 余种，原产于南美洲巴西，地生。

【生长习性】 喜温暖、湿润及明亮的光线。适应性较强，适生温度为 16℃～30℃，但短时间 0℃以上的低温也能忍受，也可忍受 35℃左右的高温。

【繁殖方法】 分株繁殖。植株基部会长出小苗，当小苗长到母株 1/4 大时，轻碰小苗或轻摇花盆，小苗会自己掉下来，可用于种植。

【栽培管理】 盆栽土，常用泥炭土和蛭石等体积混配，或泥炭土加 1/3 的沙土，也可用腐叶土加少量的沙及有机肥混合配制。总之，土壤以疏松、透气、保水为原则。喜欢较强的光照，也较耐阴，但较久的置于较暗处，叶色将变暗淡，以置放于室内光照处较好。由于植株娇小，需肥不多，在生长季节，偶尔施点颗粒肥即可。耐旱性较强，盆土上半部干时再浇水，不可常浇水以免使根处于潮湿状态。该花喜湿润，可常向叶面喷水。

十二、虎纹凤梨 *Vriesea splendens*

虎纹凤梨为凤梨科丽穗凤梨属植物（又名莺歌凤梨属），又名红剑。原产于南美洲的巴西、圭亚那等国。

【形态特征】 为中型附生型多年生草本植物，高可达 1 米。叶 20 枚左右组成疏松莲座状叶丛，中心呈杯状，可以贮水。叶长条形，长 30 厘米，宽约 4 厘米；叶质硬，具黑紫色的横向条状斑纹。花茎高 50 厘米左右，顶端着生一组扁平而由多枚鲜红色苞片组成的长剑状穗状花序，苞片紧密叠生。花黄色、4～5 厘米长，花朵本身不久凋谢，苞片组成的穗状花序可观赏 2～3 个月。花后植株基部可生出蘖芽，用于繁殖。

本属植物约有 250 种，原产于南美，多为附生植物，株形中等。叶片革质，叶缘多为全缘、绿色，常具斑纹。穗状花序单枝或分枝，苞片色彩艳丽持久，而苞片内长出的黄色或绿色小花易凋谢，结蒴果。多在冬季或春季开花，此属园艺品种多，观赏价值大，在观赏凤梨中占有重要地位。常见种植的有彩苞凤梨（V. poelmanii），又名火炬，为园艺杂交种，红色复穗状花序，具几个分枝，花序较扁但较厚。株高 40 厘米左右，叶亮绿，长约 30 厘米，宽 4 厘米。莺歌凤梨（V. cazinata），叶片带状，鲜绿，穗状花序较扁平而多有分枝，苞片叠生，苞片基部红色，上部黄色或黄绿色；花序似扇，故又名黄金玉扇。圣诞丽穗凤梨(V.'Christmas'),穗状花序扁平,苞片红色,先端蝎尾状,二列对称,苞片叠生,小花黄色。

【生长习性】 喜温暖、湿度较高的半阴环境。生长适温为13℃～25℃,低于13℃停止生长。

【繁殖方法】 用花后植株基部长出的蘖芽扦插。可直接插于泥炭土中,置温暖、半阴的环境处。叶面应常喷水,泥炭土保持稍潮湿。

【栽培管理】 原为附生植物,盆栽用土一定要疏松、透气,排水要良好,根部常保持潮湿。常用人工培养土种植,可用2份泥炭藓(即苔藓土,具强吸水能力而又十分疏松)或泥炭土(又称草炭土,疏松,透气,质轻,保水保肥力强)加1份粗沙,及1份松软土壤及少量木炭,也可用等量的粗腐叶土和泥炭土混用。还可用3份草炭土,1份沙,1份木炭粒混合配制。上述配制的培养土可不加肥料,也可加极少的化肥(如0.75克/米^{3}的复合化肥),因为新栽的主要不是靠根吸收肥料,刚种的苗需要一个缓苗阶段,主要是叶面常保持湿润,并在叶筒内注入清水,这对缓苗生根都是有益的。在新根长出2厘米时,才可开始施化肥,而且以喷施稀化肥(0.05%～0.1%)为主。如果基质中事先已混入化肥,施肥还可晚些。春、夏、秋季是生长旺盛时期,最佳生长温度为20℃～25℃,夏季25℃～30℃也较好,但稍高一些也无妨。昼夜有10℃的温差更有利于生长。要有良好的通风,并保持较高的空气湿度,空气相对湿度最好保持在50%～75%,如低于40%时对生长不利,也会引起叶尖干枯。如遇此情况,应常向叶面喷水。叶筒内常保持稀化肥液,对植株吸水吸肥都是有益的。夏天植株用肥水量大,叶筒内应常有水,可每3天补灌1次稀肥液至叶筒满,可每7～10天叶面喷1次稀化肥液,其氮、磷、钾比例1∶0.5∶1,浓度为0.1%。根的吸收肥力并不强,主要是起固定作用,叶面吸肥是主要的,根部施肥只起补充作用。所有凤梨类植物都需要较多的镁,化肥中可加入相当于化肥总量3%的硫酸镁,其他各种微量元素也是需要的。秋凉后，可减少肥水。冬季低温时，温度也不应低于10℃，低温时应停止施肥。凤梨类植物没有休眠期，冬季保持20℃以上的室温，对生长是有益的。冬天盆土也应干燥些，冬天一般温度相应较低，根系活动相对较弱，应控制浇水，甚至在盆土上半部较干时再浇水也可。水不能过大，过大容易引起烂根，该种原生长于热带雨林树上，有树叶遮荫，因此喜欢半阴环境，如夏天光照过强，可遮去一半的光照度（即遮光50%）。冬天可置于室内光照处。对一些花叶品种及金边品种，光照和叶色有密切的关系，光照稍强，叶片色彩亮丽，花序颜色也会鲜艳。植株正常生长1年后，可做催花处理，催花处理后通常需3个月左右才能开花。

十三、水塔花 *Billbergia pyramidalis*

水塔花是凤梨科水塔花属植物，又名火焰凤梨、红藻凤梨等，原产于巴西。

【形态特征】 常绿多年生附生植物，茎短，阔披针形的叶呈莲座状排列。叶革质、鲜绿，长50厘米左右，宽6厘米左右；叶面有角质层，叶互相紧密抱合，使叶丛中心形成杯状，可贮水而不漏，故名水塔花或水槽凤梨。穗状花序直立，高40～50厘米，花序密生红色小花，苞片粉红，极艳丽，但整个美丽的花序观赏期较短，通常仅3周左右。冬、春开花，花期虽短，但极美丽，因而受到人们的喜爱。常见种植的尚有花叶水塔花（B.‘Fascinatiom’）等几种，它们的外形与水塔花有较大区别，其花茎弯垂，花序较长。花叶水塔花，叶细长，绿色的叶片散布着许多黄色或白色斑块，穗状花序下垂，苞片鲜红，开花时也十分美丽。

【生长习性】 喜温暖、湿润、半阴环境，稍耐寒，在华南地区冬季可置于室外。

【繁殖方法】 开花前后，茎基部可发生一些蘖芽，可切下扦插繁殖。小芽长至10厘米左右时，从基部切下，伤口晾干后可直接插于不带肥的泥炭土中，保持微潮，温度在25℃以上，约1个月可生根，也可等蘖芽生根后切下种植。

【栽培管理】 可参照果子蔓类植物。春、夏、秋季为生长旺季，应有充足的水分与适宜的空气湿度，要注意空气流通，叶筒内常保持浓度为0.1%稀复合化肥或水，常向叶面喷水保湿，10天左右喷1次观叶植物叶面肥，浓度不应超过0.1%。炎夏光强，要注意遮光50%左右。据报道，种植1年的植株便会开花，如不开花，可做催花处理。

十四、铁兰 *Tillandsia Cyanea*

凤梨科铁兰属植物，铁兰为拉丁文属名的音译。原产于南美洲雨林中，又名紫花凤梨。

【形态特征】 多年生常绿附生型植物，株高30厘米，叶莲座状丛生，线形，长30厘米左右，无茎，根不发达。开花时从叶丛中抽出短花茎，上端有椭圆形扁平花序，苞片2列，对称互相叠生；粉红色，自下向上陆续开出似蝴蝶形的淡紫色花朵。花瓣卵形，3片。可陆续开花20朵，常在冬、春开花。花后这一莲座逐渐枯黄死亡，同时发出几个新芽。

本属植物约有500种，是凤梨科中最大的一个属，绝大多数为附生。自北美至南美均有它的分布，形态多种多样，大小差异也较大，但多为小型种。叶数多，细而无刺，但常有具吸收水分与养分功能的鳞片，作为观赏用的约有60种。观赏类的可分两大类：一类是以铁兰为代表的观花类植物，像其他凤梨一样常盆栽；另一类形态奇特，也为一些爱好者养植，其植株小型，叶多而细长，叶上常布满银白色茸毛状物；水分和养分主要通过这些茸毛吸收，在原产地可生长在电线杆上或电线上。它们仅具很少的根，有些根本无根，无须栽培于盆中，在高空气湿度下置于桌案上或墙壁上即可生长，也可置于美观的盆上，盆中放些粗石即可。空气干燥时喷水保湿便可生长，这一类人们又统称为空气凤梨。它喜光喜湿，在一般明亮的光线下生长较好，也耐较暗的光照，生长适温为20℃～30℃，也能耐冬季短时间5℃的低温。只需在天暖时喷施极稀的肥液(0.05%)于叶上即可。它们可以摆在盆上或枯树干上，甚至用铁丝固定于支持物上或用线串着悬于空间。老人须(T. usneoides)与银丝铁兰(又名铁兰风铃)都无根，均属这类植物。叶细如线，灰白色，叶上有发达的吸收鳞片。有些种类也可开出美丽的花朵，体现出一种另类美。这类植物喜欢昼夜温差大、光照较强的环境，也能忍受较强的干燥，适合在光照较强的窗台种植。充足的光照可以使许多空气凤梨健壮生长，犹如在它们原生地一样。

【生长习性】 喜温暖、湿润、半阴环境。适宜温度为18℃～28℃，越冬温度应不低于15℃。喜明亮光照和较高的空气湿度，但也耐稍干燥的空气湿度与短期5℃的低温。

【繁殖方法】 分株繁殖。老株开花后，植株基部萌发几个蘖芽，可切下扦插繁殖，也可留下2～3个芽继续养植，将来形成一个多花头的大株。

【栽培管理】 铁兰为小型附生植物，其栽培方法可参照果子蔓类植物。叶细而质硬，较耐旱与干燥空气，但在春、夏、秋季须有充足的空气湿度，无贮水叶筒，可常喷水保湿。叶上吸收组织较发达，施肥应以叶面喷肥为主，浓度不超过0.1%，以氮肥为主。

十五、彩叶凤梨 *Neoregelia Carolinae*

凤梨科彩叶凤梨属植物，原产于南美洲的哥伦比亚、巴西、秘鲁等国，现各国多有栽培。

【形态特征】 多年生常绿附生草本植物，株高20厘米左右，叶长30厘米，向四周平铺，形成一扁平莲座状叶丛。叶光亮，叶缘有细锯齿，开花时叶片靠近莲座中心处变成鲜红色，可供观赏4个月左右。叶丛中心形成水槽，可贮水，花序生于水槽中，花小，蓝紫色或白色，开花时间仅为一个晚上，常春季开花。其变种叶色更为艳丽，如三色彩叶凤梨（Var，Tricolor）绿色叶片中央具黄白色的纵条纹。开花时，叶丛中央呈红色，更显美艳。银边五彩凤梨(var，Flandlia)也是彩叶凤梨的一个园艺品种，叶缘有白色镶边，叶呈放射状排列，开花时叶基部呈桃红色。本属植物约有 50 种，多产于巴西，多为附生。其植株普遍低矮，但株幅较大，开花前叶丛中央的叶片大部分均会转红。有些品种叶端变红，叶色十分美观，是观叶不观花的一类。国内常见的为彩叶凤梨及其变种。

【生长习性】 喜温暖、湿润、半阴环境。生长适温为 22℃～28℃。冬季温度不能低于 10℃，要求较高的空气湿度。干燥时应向叶面喷水。

【繁殖方法】 植株开花后，基部常生几个小苗，可用生根的幼苗分株繁殖。彩叶凤梨生根能力稍差，应等小苗生根后再切下种植。

【栽培管理】 该种为附生类植物，栽培可参照果子蔓类植物的栽培管理。一些花叶品种，更喜欢明亮的光照，只有稍强的光照，叶色才会艳丽。植株应放置室内最明亮的地方。只有在开花时，莲座状的叶丛中心才会出现红色的色斑，植株才会更美。生长 1 年的植株应做催花处理。虽然花并不美，花期也极短，但一开花，植株中心就会逐渐变红，植株变得十分美艳。

十六、美叶光萼荷 *Aechmea fasciata*

光萼荷属植物，又名蜻蜓凤梨属、尖萼凤梨属植物。原生于南美洲。又名粉菠萝，蜻蜓凤梨。

【形态特征】 多年生附生常绿草本植物。叶呈莲座状排列；叶片长而宽厚，长约 50 厘米，宽 5～6 厘米，坚硬，有蜡质灰色鳞片；叶缘有刺，叶面具银白色横纹。花序穗状，有分枝，呈桃红色圆锥花序，苞片呈美丽粉红色、坚硬、端尖。花初开紫色，一二天后变红，整个花序十分美观，观赏期可达3个月之久。在自然条件下，常于夏季开花。本种为本属的一个商业代表种，栽培最为普遍。玛雅菠萝也是一个美丽的栽培品种，深受人们喜爱。国内尚见一些观果的品种，其松散的花序上长着许多球形小果，颜色有红色、黄色。全属植物约有200个原生种，全分布在南美洲，多为附生，用于观赏的尚不太多。

【生长习性】 喜高温、高湿、光照相对较强的环境，但不能强光直照，大多也能耐短时间的低温，短期0℃以上的低温不会造成伤害。

【繁殖方法】 花后常在老株基部长出新芽，芽长至10厘米以上时可切下用于扦插。切下第一批芽后，加强母株管理，仍会再生小芽。如不切下小芽，则母株仅生1～2个芽。切下的芽晾干伤口后，可直接插入盛有泥炭土的盆中，置于阴凉处，并常喷水，使基质保持稍潮，在25℃～30℃下1个月左右可生根。

【栽培管理】 盆土可用泥炭土或腐叶土加1/3的河沙配制，盆底可放1/4的颗粒物，以利于排水和透气。生长季节（春、夏、秋季）每周可喷施1次叶面肥，也可向盆中施些稀液肥，但叶上有具有吸收功能的鳞片组织，叶面吸收营养的能力比根更强些，故一定要注意叶面喷肥。叶筒也具有吸收养料的能力，在向叶面喷肥的同时，叶筒内也应盛0.1%的观叶类化肥液，并每10天更换1次。注意通风与保持50%以上的湿度；夏季应遮光50%左右。植株不耐寒，冬天最好置于室内光照处，白天保持20℃以上，夜晚不低于10℃。冬季温度较低，应控制浇水，停止施肥。

十七、月季 *Rosa Chinensis*

蔷薇科蔷薇属植物，由中国的月季花与欧洲的一些蔷薇杂交而成。现在全世界有广泛种植。

【形态特征】 常绿或落叶灌木,在暖冬地区四季常绿,在我国北方因冬天天冷而落叶。株高多在 2 米以下,盆栽更矮。叶互生,奇数羽状复叶,小叶 3～5 枚,多为 5 枚。叶卵圆形,叶面多光亮,叶缘具齿。花生于枝顶,单生或数朵聚生,多为重瓣,花形花色极为丰富。在生长季节月月开花,故名。

【生长习性】 喜温暖和光照,耐寒。喜肥沃土壤,但对土壤要求不严。耐热也耐寒,夏季可耐近 40℃的高温,冬季可耐－15℃的严寒,有些品种可忍耐更低的温度。

【繁殖方法】 扦插或嫁接。扦插多见于春、秋季,花后剪去残花 1 周后,腋芽饱满;尚未萌发时,剪取上部枝条,至少包含 3 节或 5 节,去掉下部叶,保留上部 2 片叶,从基部叶下 0.5 厘米处用利刀斜切,插于粗沙或蛭石等洁净基质中,上用塑料膜或塑料袋遮盖保湿,每天喷水 2～3 次,在 20℃～30℃下,约 1 个月可生根,以后可逐渐揭膜通风至完全揭膜,约 2 个月可上盆栽种。家庭中少量繁殖,也可用上述枝条水泡茎基,10 余天可见四周出现白色愈伤组织,以后逐渐生根,根长 1 厘米时可移入小盆。嫁接常用白玉堂、粉团蔷薇等做砧木,多用芽接繁殖。砧木生性强壮,抗病性强,根系发达,因而嫁接成活的植株生长旺盛、强壮,生长快,开花也早。

【栽培管理】 地栽月季,只要土壤疏松、肥沃,及时供水,修剪适当,均能良好生长。盆栽月季由于盆土限制,根系活动范围小,栽培管理需较细致。盆栽月季多供观赏用,多用花大而美且具香味的茶香月季品种(HT)或小株型的花小叶小的微型月季(Min),以便于室内、窗台摆放。

盆土常用砂壤土混以腐叶土及有机肥,以使土壤疏松。春、秋季温度适宜月季生长、开花,需肥水多,因此生长季节应经常浇水,保持盆土不干,并于花开前补充肥料。常用腐熟饼粕粉撒于花盆四周翻入土中,也可及时浇灌有机液肥,一般较少使用化肥,但可在春、秋季的花前追施少量的磷酸二氢钾,供其开花所需。盆栽月季除浇水施肥外，重要的工作是修剪，使株型美观，健壮。通常于花后剪去残花，并剪去一些影响株型的枝条。剪枝的作用是使株型美观和有利于以后发枝开花。剪枝的原则是“弱枝重剪，壮枝轻剪”。通常弱枝（即细枝）从枝下部保留 2～3 节剪除，以后发的枝条较粗壮，壮枝（即粗枝）本来就是植株的骨干枝，只需剪去上部较细部分，其余重发的枝条仍会粗壮，这样修剪的植株以后才会多开花，株型也较丰满。另外月季开花主要在春、秋两季，春季花后一般应轻剪，并浇水施肥，可促使二次开花。秋季花后不久进入冬季，应重剪些，以便于盆花贮存。当然也可根据个人对株形的爱好，灵活修剪。春、秋两季温度适宜月季生长开花，浇水施肥量应大一些，夏季炎热，不利于植株生长，植株常呈半休眠状态，用肥少，但天热，水分蒸发量反而更大，夏天应停止施肥，多浇水，防止干盆。最好将盆花放置地上接地气，有利于增湿降温，有益于植株度夏。入冬时可将花盆埋于土中，浇透水，上覆 10 厘米厚的土，保护植株过冬。

目前种植的月季是 200 多年前我国的一些古代月季品种，开花次数较多，花色也较丰富的品种传入欧洲，与当地的一年开一次花的蔷薇经过反复杂交而成。19 世纪后半期正式育成现代普遍种植的杂种月季，并迅速向世界各地扩散。目前普遍种植的是经杂交育成的杂交品种，因此，人们把它们称为现代月季或杂种月季。园艺学家将现代月季划分为以下五大类。

1. 茶香杂种月季（Hgbrid Te Raloses，简写 HT） 植株中等，直立，花美朵大而香，为人们所珍爱。我们常见的盆栽月季及切花月季多属于这类月季。

2. 丰花月季（Hybrid Tea Roses，简写 FL） 植株株丛大，较低，花序常由数十朵中等大小花朵组成，花瓣质厚，耐晒，一年四季花开不断，植株健壮，常植于道旁美化市容。

3. 蔓性月季又名藤本月季（Climbing Roses，简写 CL） 枝条较软，需攀于他物，较长，可达数米，常用于大街街心的隔离带或做棚架。

4. 微型月季（Minature Roses，简写 Min） 株小，花叶也小，株高多在 40 厘米之内，盆栽更矮。花径一般不超过 5 厘米，花朵多而密，一年常多次开花。

5. 壮花月季又称大花月季（Grandiflora Roses，简写 Gr） 植株粗壮高大，多次开花。这类月季从杂种亲本上可独称一支，但和健壮的茶香杂种月季有时又较难区别，因此使用这一名词者不多，其品种也不多。

地栽月季易于管理，通常基肥充足，适时浇水均能良好生长，远比盆栽月季易于管理，只是在修剪上，上述各类型月季有所区别。茶香月季修剪可参阅茶香盆栽月季。丰花月季一般只需在花后剪去残花，轻度修剪，以利于迅速发枝再次开花。蔓性月季，也是轻修剪，保留蔓长的老枝、剪去开花的短枝，保留基部 2～3 个芽，促发枝条再次开花。微型月季可参照茶香月季修剪，由于株小侧枝多，应疏去一些，以免枝条过密。

【病虫害防治】

1. 病 害

（1）白粉病 常见于幼嫩部分，初发白点分布，逐渐连成片，布满嫩枝。一见发病就应用甲基托布津、多菌灵或退菌特等喷洒，冬前或初春修剪后，可用 3 波美度石硫合剂喷布预防。

（2）黑斑病 常从下部叶片先发病，近圆形的小红褐斑，扩大呈黑褐色，可引起落叶。病菌可在病枝、落叶上过冬，应销毁病枝病叶，芽前喷 3 波美度石硫合剂，杀死越冬病菌。发病初期用百菌清与甲基托布津每半个月交替喷洒。

2. 虫 害

（1）蚜虫 常见该虫于幼嫩茎叶及花蕾上吸食汁液，可喷 40％氧化乐果 1 000 倍液或 50％马拉硫磷 1 000 倍液。

（2）红蜘蛛 常于炎热干旱的夏季发生，见于叶背，吸食叶片汁液，引起叶片枯焦、脱落，可用 40％三氯杀螨醇 1 000 倍液或

50%马拉硫磷对水喷布灭除。

十八、杜鹃花 *Rhododendron* spp.

杜鹃花科杜鹃花属植物。在世界上有广泛分布，约有900余种。我国有500余种，主要分布于我国西南地区。有大的乔木，也有小的灌木，叶形花形也多种多样。用于盆栽的园艺品种约有300种。根据形态、性状、亲本和来源，分为西鹃、毛鹃、东鹃和夏鹃四类。西鹃是主要的常见盆栽花卉。

【形态特征】 西鹃由荷兰、比利时育成，是花型、花色最多、最美的一类，因而在我国花卉市场上占主导地位，其主要特征是植株矮壮，枝叶密集，叶片浓绿，叶互生，长椭圆形；长3～5厘米，宽2～3厘米。花大而多，花径7～10厘米，花色多种，单瓣或重瓣。盆栽株高多为20～50厘米。毛鹃，又称毛叶杜鹃或大叶杜鹃，植株高大、健壮；叶长椭圆形，长约10厘米，叶片粗糙有毛，幼叶毛较明显；花漏斗形，单瓣，花大而多，花色主要有红色、粉色、白色。东鹃，由日本引入，主要特点是花小而多，花径多在2～4厘米，多单瓣花。以上三类多见于花卉市场。此外，尚有夏鹃，来自于印度与日本，枝叶纤细，分枝稠密，株高1米左右，花色也很丰富。前三类自然花期在4～5月，夏鹃开花多在5月下旬至6月，因开花于初夏，故名夏鹃。为适应人们欢度节日的需要，常用催花办法促使其在春节前后开花。

【生长习性】 喜凉爽、湿润、通风和半阴环境。忌强光照及高温，要求疏松、肥沃的酸性(pH5～6.5)土壤。

【繁殖方法】 多用扦插或嫁接繁殖。扦插多于夏初5～6月或秋天8月下旬至9月中旬。以5～6月扦插更好。秋天扦插，天将转凉，生根较慢，天冷后对生根苗管理也较难。选当年健壮的基部略木质化的枝条，长6厘米左右，从老枝上掰下，基部带踵，易发根，去掉下部叶片，保留顶端小叶3～4片，插于粗沙或蛭石中，浇水后置阴凉、湿润处，每天喷水数次，使叶不萎蔫。西鹃约 2 个月可发根，其他 3 类杜鹃约 1 个月可发根。

西鹃繁殖常用嫁接方法，砧木常用毛鹃。其优点是成株快，并可嫁接成多色杜鹃花植株。毛鹃生活力强，嫁接成活后，枝条生长也快。嫁接多用嫩枝顶端劈接法。多于 5～6 月嫁接。所用毛鹃植株大小根据需要选择，接穗常选用 3～4 厘米长的西鹃嫩梢，保留顶部 3～4 片小叶，去掉下部叶片，将基部削成 0.5～1 厘米长的楔形，同时在毛鹃当年生枝条 2～3 厘米处截掉嫩枝上部，去掉枝条上的全部叶片，纵切 1 厘米，将接穗插入，对接皮层，用塑料薄膜带捆扎，整个小嫁接枝套入小塑料薄膜袋中保湿，扎紧袋口。接后 7 天，接穗叶片鲜活，即表明成活，2 个月后可去袋，冬、春可解除绑扎用的塑料带。嫁接后，植株应置于阴凉处，严禁光照，袋中若无水珠，表明袋中湿度不够，不利于成活，可解开喷湿接穗，重新套袋。

【栽培管理】 杜鹃花根系纤细，并主要分布于浅土层，喜酸性土壤。因此盆栽用土需疏松、肥沃并呈酸性。根据这一原则，现在盆栽用土多种多样，如泥炭土、松叶土（呈酸性）、腐叶土或混以炉渣、粗沙均可，并掺入一些有机肥料，如饼粕粉、鸡粪，只要疏松、易于排水，富含有机质，呈酸性即可。花盆盆径应和植株冠幅大致相近，既要美观，也有利于浇水。如盆过大，蓄水多，久湿不干易造成烂根。盆土以经常保持湿润为宜。栽培环境湿度以 70％左右为佳。北方冬季室内干燥，可在叶面及周围常喷水，夏季应置室外半阴、通风、环境湿润处，可早晚见光，避开中午日照。生长适温为 15℃～25℃，低于 5℃停止生长，高于 30℃，则生长较缓。北方种植杜鹃最大的问题是土壤多呈中性至微碱性、空气干燥，常使植株难以生长并导致死亡。为使土壤呈微酸性可用矾肥水追肥（可在腐熟的有机液肥中加入 1％的硫酸亚铁），比单用硫酸亚铁溶液好。酸性土壤有利于铁元素的供给。植株心叶发黄，常是铁元素供应不足的表现，追肥时可用矾肥水，也可用 0.2％的硫酸亚铁液喷叶，通过植株叶片供给铁元素，可满足植株对铁元素的需求。天暖出室后，应置于室外地上，周围常喷水，可增加湿度，降低温度，但应避免雨淋。春、秋生长季节应常浇水，但以不过湿为原则，表土干时即可浇水，过干极易引起细根干枯，浇水虽以河水、雨水为好，但城内很难做到，可用晾晒 2 天的自来水浇灌。可于花期过后半个月左右开始追肥。春、秋为生长旺季，可半个月追肥 1 次。追肥可用稀释 20 倍以上的腐熟饼粕肥水或 0.3%的复合化肥，以促进植株生长。

一般杜鹃多于 8 月份前后孕蕾，此时可半个月追施 1 次 0.2%磷酸二氢钾液，共施 2～3 次，促进花蕾发育。天冷后应停止施肥，只在盆土干时适量浇水。施肥应防止溅污叶片，如溅污叶片应喷水冲净，以防诱发叶部病害发生。天冷时可在 5℃～10℃下存放，但应有充足的光照并适当浇水，使花蕾缓慢发育。在 20℃左右的环境下，约经 20 天可开花。可根据需要，于冬季加温催花。花期不必施肥，以防止发芽生长，影响开花，只需及时浇水。花期过后应修剪枝条，去除一些弱枝并适当疏枝。

【病虫害防治】

1. 常见病害

(1)黑斑病　该病发生于叶片，呈黑色或红褐色斑点，继而互相连接成片，导致叶片枯黄、脱落。发病初期应及早喷 50%多菌灵可湿性粉剂 800 倍液，每周喷 1 次，连喷 3 次。及早用等量的波尔多液喷叶可起预防作用。发现病叶应摘除烧毁。

(2)黄化病　心叶或其他叶片泛黄，不是病菌引起，是一种营养缺乏病，因此属生理性病害。老叶先发黄，常因缺少氮肥引起，这种情况发生较少见。北方常见心叶发黄现象，属缺铁症。北方土壤多呈中性至微碱性，水中钙离子也多，常引起肥料中的铁元素溶解减少或转化成不能被根系吸收的 3 价铁。经常用矾肥水追肥或用 0.2%的硫酸亚铁液喷叶，可消除铁元素缺乏症。

2. 虫 害

(1)**红蜘蛛** 该虫为螨类害虫，常活动于叶背面，红色，极小，但肉眼尚能看见。它可随风传布，受害叶可黄化、脱落。可用40%氧化乐果1 000倍液或三氯杀螨醇1 000倍液喷叶面，每7天喷1次，喷2～3次可消灭该虫。

(2)**军配虫** 灰白色，体小而扁，有翅，常聚集叶背吸食汁液，致使叶片产生白斑。可用氧化乐果或敌敌畏1 000倍液喷施消灭。

红蜘蛛与军配虫常发生于干旱的夏季。应注意检查，以及早发现早消灭，并应烧毁带虫的落叶。

十九、桂花 *Osmanthus fragrans*

木犀科木犀属植物，主要产于我国南方及南亚，是我国的重要花卉。其栽培历史有2 000余年。

【形态特征】 常绿阔叶乔木，高可达10余米。但作为花卉，多盆栽，株高多在2米以下，灌木状。易分枝，且分枝点低，因此极易修剪成灌木状。叶对生、革质，椭圆状披针形，各品种叶形有区别，常为品种识别的重要依据。叶端尖，全缘，或叶上半部疏生细齿。花蕾生于当年枝条叶腋，6月花芽开始分化，常于中秋节开花，花小。依花色、花期分4个变种，即金桂、银桂、丹桂及四季桂。每个变种又有不同数量的园艺品种。金桂花黄色，极香。银桂花淡黄色，也极香。月桂，花橙红色至橙黄色，香味较淡，但花鲜艳。四季桂花黄色至淡黄色，甚至白色，一年可开花数次，主要于春、秋两季，但香味较淡，植株多呈灌木状。

【生长习性】 喜温暖、光照、湿润环境，也耐高温与半阴环境。喜酸性土壤，对土壤要求不严，但以疏松、肥沃、排水良好、pH5～6.5的酸性土壤为宜。畏寒，忌风，在风口处生长不良，盆栽株应置于背风向阳处。

【繁殖方法】 多作扦插繁殖，也可嫁接或压条。嫁接压条多用于优良品种繁殖。扦插多选用嫩枝扦插，成活率通常可达90%以上。选长10厘米左右的，当年生健壮枝条，从最下一叶节下0.5厘米处截取，保留端部1对叶，其余叶全部去掉，于6月或8月扦插。扦插用盆及基质应洁净，可用粗沙、蛭石、珍珠岩做扦插基质。浇水扦插后，外套透明塑料袋，盆中央插一筷子或细杆，将塑料袋支起，可保湿。扦插深度应在枝长的2/3以上。插定后将花盆置于明亮散射光处，每天揭膜通风1～2小时，此时可叶面喷水或向基质补水，温度保持在25℃～30℃，约经2个月可生根。以后可以增大透风及光照时间，促进扦插苗健壮生长。扦插前，如用生根剂处理（可用萘乙酸200～300毫克/升浸插条基部3～5秒，或用吲哚丁酸20毫克/升浸泡插条基部半天，均可促使插条早生根、多生根）。

嫁接常用同科植物小叶女贞、女贞、小蜡、流苏、白蜡等植物做砧木，进行切接或劈接，具有成苗快的优点。家庭种植可选用另一种嫁接法，使一株具2～3个品种，更具趣味和观赏性，如金桂株上嫁接丹桂枝条，使一株具两个品种的特性。具体做法是：选已开花植株的一二年生稍粗壮的枝条10厘米长做接穗，另选一植株上同粗的枝条，二者均削去等同部分约2厘米长，行靠接，接穗下端一半保持完整，将二者切口处的形成层对好，用塑料带绑扎，接穗下端浸入盛有洁净水的塑料管中，供给接穗水分，经常换水，保持水质洁净。如在夏季嫁接，约1个月伤口可愈合，接穗长芽表明嫁接成活，可去掉塑料带，形成一新生枝条，将来可发育成一个新品种。

压条可行高压或低压。高压，即在1～2年生粗壮枝条基部环剥；环剥0.5～1厘米的树皮，在环状剥皮处套上小塑料袋，下部扎紧，内填泥炭藓（又称水苔）或泥炭土，上部留接水口，常保持填充物潮湿，待根系形成后，可剪下种植。低压，即利用桂花分枝点低的特点，将植株基部的枝条环割表皮，然后培土高于环割处，待生根后，切下种植。

【栽培管理】 桂花具有一定耐寒性，但仅在淮河以南可以地栽。作为花卉，大江南北，普遍用盆栽法，以便于移动观赏和养护。盆栽，由于花盆的限制，盆栽植株管理远比地栽繁杂。盆栽用土应选用较疏松、较肥沃、排水良好的砂壤土，可用 2/5 的园田土，2/5 的腐叶土及 1/5 的沙土，拌入 5%的饼粕粉或其他有机肥。根据植株大小选用适宜大小的瓦盆，瓦盆通气性能好，吸水排水也快。栽植时应使根系舒展。盆下部泄水孔处放瓦片后先填 5 厘米深含肥达 10%的上述土壤，供长期供肥，然后上部再填入含肥达 5%的土壤，栽后表土距盆口 2～3 厘米。栽后浇水，置阴凉处缓苗数日，待苗缓好后可置半阴处养植。以后最好能 2～3 年换盆 1 次，早春换盆，除去 1/2 宿土，并剪掉一些老根，填土重新种植。春、夏、秋季为生长旺季，应根据植株生长情况浇水施肥，原则上表土干时浇水，半个月左右追施稀矾肥水 1 次，以改良盆土酸碱度，使盆土保持微酸性。植株进入开花期前应置于半阴处养护。因苗期需半阴光照，忌强光照，开花株可增加光照时间。桂花生长适温为20℃～30℃，但也能耐－8℃的低温和夏季近 40℃的高温，但忌夏季烈日光照。晚秋至初冬温度降至 0℃时，盆栽植株应移入室内。桂花喜湿润环境，天暖后，花盆应置于室外花阴凉处的地上，花盆附近常洒水，以增加环境湿度。冬季，北方室内空气干燥，可将花盆置于室外背风向阳处，四周围挡，上面盖透光塑料薄膜，白天可见光，晚上上部盖草帘保温，当气温不低于－10℃时，可安全过冬。平时施肥应以有机肥为主，可浇稀肥水，也可将腐熟饼粕或鸡粪撒于盆边，埋入土中，只在开花前增施一些磷、钾肥料，主要根据植株生长情况决定施肥。但天冷后，植株进入休眠期后不能施肥，也应少浇水。盆栽桂花，以自然株形为好，平时只需剪去弱枝及密枝，树冠整齐圆满即可。

【病虫害防治】

1. 病　害

(1)叶枯病　初发病时，叶尖处产生小黄斑，逐渐扩大，内为黄褐色，边缘暗褐色。病菌残存于病叶。后期病斑迅速连接，致使叶片卷曲、干枯，易发生于树下部老叶。该病常发生于高温高湿通风不良环境。发病初期，应及时喷50%多菌灵800倍液或退菌特液，并清除病叶。

(2)叶斑病　叶片上先出现褐色或浅灰褐色斑点，扩大后导致病斑组织坏死，可用70%代森锰锌可湿性粉剂1 000倍液与70%甲基托布津可湿性粉剂1 000倍液交替喷洒，每10天喷1次，连喷3～4次。此病害也常发生于高温高湿季节。

2. 虫　害

(1)粉虱　幼虫与成虫常群集于叶背吸食汁液，致使叶片干枯。触碰叶片，小成虫飞起。喷药也难以杀死成虫，但它对黄色有喜好，可用黄塑料板涂黏性物质吸引其粘附加以消灭。对其幼虫，可用2.5%敌杀死乳油1 000倍液或25%的扑虱灵可湿性粉剂1 500倍液喷杀。

(2)红蜘蛛　该虫藏于叶背面吸食汁液，引起落叶。可用三氯杀螨醇或氧化乐果喷杀，连续喷2次即可灭除该虫。

二十、牡丹 *Paeonia Suffruticosa*

毛茛科芍药属植物，为我国特产。原产于我国西北部地区，现在我国有广泛种植。北起黑龙江，南至广东及东南沿海各省区，西到乌鲁木齐，均有种植。但主要产于黄河中下游及江淮流域。该花为我国重要名花，是国花备选花卉，并为多国引种。

【形态特征】　落叶灌木，株高多为1～2米，也有更高者。叶互生，叶片大，具长柄10～20厘米，二回三出羽状复叶，小叶柄1厘米长。顶生小叶卵圆形或侧卵圆形，先端3～5裂。侧生小叶长卵圆形，叶色鲜绿，叶面光滑，叶背灰白色。花单生于枝顶，两性花，花大而美，花径多在 10～30 厘米。原种单瓣花，花瓣 5～6 片。园艺栽培种多为重瓣花，花色丰富，有紫、红、粉红、黄、白及多种复色，其中黄色品种较少。花后结蓇葖果数个。果表密生短柔毛，内有种子 5～15 枚。花期与各地温度和品种有关，如洛阳市 4 月中旬始花，北京市需 4 月下旬才开花。但各地花期多在 20 天之内。

【生长习性】 喜温凉，也耐寒，在东北能耐近－30℃的低温，但不耐湿热。喜光照，也稍耐阴；喜疏松、肥沃的砂壤土或壤土，忌黏重土壤，以中性土壤种植最好，也可在微酸或微碱性土壤种植。我国地域广大，各地气候不同，土壤质地各异，但牡丹能在广大地区种植，足以说明它有很强的适应性，生存能力很强。

【繁殖方法】 多为分株繁殖或嫁接。种子繁殖多用于育种或提供砧木做嫁接用。也可压条或扦插繁殖，但较少用。牡丹植株易从基部产生幼株，幼株生长快，又和母本开花性状一致，因而成为首选的繁殖方法。一般母本定植后 4 年才开始分株，通常 4～5 年分株 1 次。分株时间以秋分前后为宜，但南北气温不同，时间也有所差异。黄河流域宜在 9 月下旬至 10 月上旬分株，长江下游可晚 10 天分株，北京市可早 10 天分株。将植株挖出去掉泥土，放阴凉处晾 3 天，待根稍软后可顺势分开，待伤口干后可种植。有人用分开的植株存放近 20 天仍能种活，说明牡丹具有顽强的生活力。此时分株种植，枝条已进入休眠，但地温较高，种后地下根仍可以生长。种植的植株根系恢复快，有利于安全过冬，翌年生长旺盛。但新栽植株头一年应尽量控制开花，以免过度消耗营养，而对发棵不利。春天常有花贩卖裸株牡丹，此类牡丹不宜购买种植，因为此时种植的牡丹根还未长好，而芽及花蕾已可形成，消耗植株贮存的营养，常常是花开不好，根也未形成，不久很易死掉。嫁接繁殖分两种：一种繁殖方法是增加个体数，常用 2～3 年生的芍药根作砧木，选用牡丹根际处当年萌发的新枝或树干上当年生的短枝作接穗，用芍药根劈接，接后用黏泥糊好，或用线绳捆好再种植，也可用实生苗牡丹作砧木嫁接，但都应在秋分前后嫁接，否则影响成活。另一种繁殖方法是在牡丹株上嫁接多个品种的牡丹，形成一株开多个品种花的什锦牡丹，主要采用芽接法，先在砧木上有芽眼处上下各1厘米处横切一刀，而后在芽左右侧0.5厘米处各纵切一刀，将带芽的方块取下，挑去切口内的皮层，但不要碰掉附在木质部上芽眼的芽葜，然后在接穗上选取饱满芽处，切取同样大小带芽及叶柄的方块，迅速将芽块嵌入砧木的方块切口上，并将背面的凹眼对准砧木切口的芽葜，各切口特别是上下切口要对好，用塑料绳捆好，使芽露在外边，剪去砧木嫁接处上部枝叶。10天后，若一碰叶柄脱落，表明芽已成活；若无成活，可在其他部位补接。芽接法可在生长季节用当年生枝条进行。嫁接的植株，当年停止开花，以养枝条为主。种子繁殖，通常经5年才能开花。

【栽培管理】 家庭种植牡丹多在庭院露地种植，也可盆栽。盆栽应选用高筒泥盆。盆栽由于盆土有限，生长远不如地栽。二者管理方法基本相似，但更应注意浇水与追肥。牡丹根为肉质根，忌土湿，因此浇水不宜过多，多则烂根，夏季雨季应注意排水，原则上是土可稍干而不能过湿。以露地栽为例，应选用砂壤土地块种植，种前施好基肥，种后浇透水，春天发芽前应浇透水1次，花前也应浇几遍水，以土不干为宜。充足水分的供应，可促使枝叶生长。每年至少应施肥3次：第一次为花前肥，在早春结合浇水施肥；第二次为开花后的花后肥，促使花后植株恢复“体力”，促进夏季的花芽分化；第三次应在入冬前施肥，用有机肥。施用有机肥要充分腐熟，复合化肥应远离植株施入，以免烧坏主根。开花前花蕾过多应注意疏蕾，减少开花，以免伤了植株的元气。盆栽牡丹应根据植株生长及时更换大盆。为使牡丹春节开花，可采用催花处理，其方法是在节前选5年生植株，提前1个半月至2个月上盆，搬入室内，逐渐升温，并一日数次向植株喷水、地面洒水，增加环境湿度；白天保持20℃～25℃，夜晚控制在10℃～15℃，每10天追施1次稀液肥，经40～45天最多60天即可开花。可通过控制温度调节开花时间。

【病虫害防治】

1. 病　害

(1)叶斑病　叶、花、茎均可染病，叶片上有圆形紫褐色病斑，茎上的病斑隆起，花上的病斑常呈粉色，多发生于潮湿的多雨季节。对该病应以防为主，生长期可喷几次波尔多液，发病后可用65％代森锌500倍液或50％多菌灵可湿性粉剂1 000倍液加展着剂喷洒。

(2)锈病　该病能引起叶片褪绿、叶背出现黄色孢子堆。防治方法参见叶斑病。同样应清除病残落叶。

(3)炭疽病　为常见的一种真菌病，多见于叶片及嫩茎。先出现褐色小斑点，逐渐扩大并发黑，可引起病斑穿孔；茎和叶柄染病可出现略凹陷的菱形长条斑；嫩茎发病，可造成嫩枝死亡。高温多湿季节易发生此病。可用65％代森锌500倍液或70％炭疽福美500倍液喷洒，10～15天喷1次，连喷数次。

2. 虫　害　较为多见的为根结线虫，主要危害营养根，使根出现大小不等的瘤状物，黄白色。切开瘤块，可见白色发亮的虫体。瘤状物上又可长须根，须根上又可长瘤，反复多次，致使根瘤呈丛枝状分枝。地上可引起叶缘失绿而变黄早落。发现该病时，应根施15％的涕灭威5～10克。此虫可由受害植株、病土及流水传播，应加强检疫，防止病区病株外流。发现病株，可用0.1％甲基异柳磷浸泡根部30分钟，或将病株放在48℃～49℃温水中浸泡30分钟，未经处理的病株不得向外扩散。

二十一、芍　药　*Paeonia lactiflora*

毛茛科毛茛属植物，主要产于我国北方及俄罗斯的西伯利亚、朝鲜半岛和日本。现在我国的内蒙古、东北及华北的山区仍可找到野生植株。除华南部分夏季炎热地区外，几乎全国各地的园林中都有种植。国外也有大量引种。

【形态特征】 多年生宿根草本植物，株高近1米，丛生；地下具纺锤形或长柱形的肉质根，粗0.6～3.5厘米。初春从地表萌生嫩枝，红褐色，以后转绿。叶二回三出羽状复叶，长20厘米左右；小叶椭圆形，狭卵形，披针形等；叶端长而尖，叶面绿色、叶背粉绿色。花开于茎顶及附近的叶腋处，原种花花瓣5～10片，白色或粉红色。现种植的园艺品种多为重瓣花，花径10～20厘米；花色多种，常见的有紫红色、红色、粉色及白色。黄色花较少见，因而名贵，花开于牡丹花结束后10天左右。其叶、花和牡丹的叶、花极为相似。但芍药是草本植物，天冷后地上全部死亡，翌年从地上重新发枝；而牡丹为木本小灌木，冬前仅叶片脱落，翌年枝条再发芽开花，故此我国古时又称牡丹为木芍药。

【生长习性】 喜光照、凉爽及肥沃、湿润的砂壤土，也耐寒。故我国北方各地都可种植。芍花也较耐热，对气候适应性较强。不耐水渍，水淹10小时常可使植株死亡，故应种植于排水良好的地方。

【繁殖方法】 主要是分株繁殖，也可扦插，但很少用，多用于稀有品种。分株可以保持母本的优良性状，并且可早开花。黄河中下游常于秋分前后(9月下旬至10月上旬)分株，更南地区可晚分株，其北部可提早分株。此时土温高于气温，有利于分株后的根系伤口愈合，也有益于萌发新根，增强抗寒耐旱能力。春天裸棵种植，由于长叶及生长花蕾，消耗根系大量营养，而此时植株也未长根，不能吸收土壤营养，因此不会长好。春天如需移植只能带大土坨移植才能正常生长。分株时，将肉质根挖出，顺势分成数丛，每丛的芽不应少于3个。如芽少于3个，常生长不旺盛。待伤口干后再种植。扦插，通常在开花前半个月取茎中2节插于沙中，每天喷水遮荫，经45～60天生根，并形成休眠芽。9月根系已发育良好，低温(5℃左右)过冬，翌年春可作单株种植。秋天也可用根繁殖，将肉质根切成5～10厘米的小段，插入土中，覆盖5～10厘米厚的土、浇水，翌年即可出苗。

【栽培管理】 种植土要肥沃，露地种植应挖穴填基肥后再种。将分株置于种植穴内，填土过半时提根，使根舒展并与土壤紧密结合，再填土使芽与土面平齐后压实、浇水即可。如芽埋入土中太深，植株发育不旺盛；过浅，根颈外露于土面，夏季受暴晒易死亡。种植完成后可堆土10厘米高，保护越冬。春天应于嫩芽出土前5天扒去秋天的堆土，使芽与地表平齐，新出的芽经早春锻炼壮实；如晚扒，芽下部衰弱，影响生长。春天干旱，扒土后应浇水施肥，促使幼苗生长，花开结束后应再追肥。此时前期生长开花，消耗了土壤中的大量营养，花后又要长根、长新芽，需要大量营养，因此必须及时补充肥料。如肥料跟不上，会影响新芽的数量及饱满度和肉质根的形成，对翌年生长发育会有很大影响。冬前应结合封土，施一次有机肥。平时干旱时随时浇水，土壤湿润对生长有益，夏天雨季要注意排水。花前应做好摘蕾工作；花前茎顶可出现几个花蕾，为保证花大，养分供应集中，可保留2个花蕾，即一个顶蕾，一个侧蕾。侧蕾作为顶蕾受损时做补充用。待顶蕾足够大、开花没问题时，应及时摘掉侧蕾。花后为减少果实的营养消耗，应剪去果实。天冷植株枯萎，应剪除枯枝叶集中烧毁，防止病菌随叶越冬，同时施冬肥，堆土，保护植株过冬。

【病虫害防治】 病虫害和牡丹相似，可参阅牡丹。

二十二、茉　莉 *Jasminum sambac*

木犀科茉莉属植物，原产于印度、伊朗及波斯湾一带。我国各地多有种植，是一种相当普及的花卉。

【形态特征】 常绿小灌木，株高可达1.5米，盆栽株高多在50厘米以下。小枝细长有棱，单叶对生，叶椭圆形至卵圆形、叶面光亮，全缘，长7厘米左右，宽4厘米左右。顶生聚伞花序，每花序着花3～7朵，花洁白、浓香，单瓣或重瓣。果为小浆果，球形，直径

6～8 毫米，蓝黑色。但通常不结果。花期主要在春、夏季，温度 20℃以上，其他季节也可开花。常见种植的尚有毛茉莉，叶形同茉莉花，枝条稍蔓性，嫩枝具毛，花瓣披针形，洁白，单层浓香，花高脚碟状，主要于春、夏季开花。

【生长习性】 喜温暖、光照，好肥。要求疏松、肥沃、排水良好土壤，生长适温 20℃～30℃。不耐寒。喜微酸性土壤，中性土壤也可种植。

【繁殖方法】 扦插或分株。扦插多于夏初天暖进行，选取健壮的 1 年生半木质化、长 10 厘米、具 4～5 节的枝条，去掉下部叶片，保留顶部 3～4 片叶，插于净沙中或蛭石中，上覆透明塑料薄膜保湿，经月余可生根。老株分蘖力强，可在蘖芽长到足够大时，分离母株另栽。

【栽培管理】 南方地区冬暖可露地种植，收获鲜花，供熏茶用。管理较粗放，种时施足基肥，生长旺期追施几次有机液肥即可。作为家庭莳养，常做盆栽。盆土用肥沃、疏松的砂壤土，买来的苗应带土以利于成活；如不带土，应在栽种后置阴凉处，每天喷水数次，也可成活，栽种深度，以根颈处与盆土面平行即可。10 余日后可逐步见光，新生叶出现后即表明成活。生长旺季每 10～15 天追肥 1 次，也可将腐熟的饼肥粉埋入盆的四周，供生长需要。表土干时可浇水。北方盆栽，由于土壤多为中性土或略偏碱性，会发生缺铁现象，表现为嫩叶发黄，可浇施 0.2%的硫酸亚铁，也可喷叶，不久便可恢复绿色。如果大叶黄化，表明缺肥，应追肥以改善盆土营养状况。茉莉花主要开花于新生枝，花开后应及时剪去老花枝，促发新生枝，不久又可开花。如天冷（气温在 5℃左右），可搬入室内光照处。茉莉属喜光花卉，如光照不足，枝条细长，开花少。根系分布较浅，耐旱力较差，常保土壤湿润，有利于根系生长，植株繁茂。春、夏季需水量大，表土干时即可浇水；天冷应控制浇水，可几天浇水 1 次，盆土常湿，易烂根死亡。喜酸忌碱，盆土酸碱度以保持 pH6～6.5 为最好。每年最好更换盆土 1 次。春、夏花期可多补充一些磷肥，如埋施磷酸二氢钾或喷施 0.2%磷酸二氢钾溶液，有利于多开花。天冷后应停止施肥，待翌年春天花盆搬出室外时再追肥。

病虫害少见，偶有红蜘蛛或介壳虫为害，可参照前述同种虫害防治方法防治。

二十三、一品红 *Euphorbia pulcherrima*

大戟科大戟属植物，原产于中美墨西哥等国，现世界各国多有种植。是我国冬季重要花卉。又名圣诞花、猩猩木。

【形态特征】 常绿小灌木，在亚热带地区可高达 6 米，盆栽株高多在 1 米以下。茎直立而光滑，单叶互生，卵状椭圆形或阔披针形，长 10～15 厘米，先端渐尖，全缘，叶缘波浪状浅裂。全株具白色乳汁。花序顶生，开花时枝顶节间变短，簇生红色叶状苞片数枚，分向四周，为主要观赏部位。花小，生于苞片中央的杯状花序上，雌雄同株异花。冬季常在室内种植，无昆虫传粉，故开花不结籽。

【生长习性】 喜温暖、光照和湿润，不耐阴，也不耐寒；对土壤要求不严，耐干旱、瘠薄和弱碱。但作为盆花，盆土应疏松、肥沃。该花为典型的短日照植物，在自然状态下，冬天需短日照才能开花。

【繁殖方法】 扦插。用老枝或嫩枝扦插均可生根成苗。春天可用不带叶的老枝扦插，枝长 10 厘米左右，用草木灰封住伤口，以防止乳汁外流，待伤口干后插于土中，一日后浇水。在 20℃～25℃下，月余可发根。嫩枝扦插，可于天暖进行。5 月扦插的植株成大苗，7～8 月扦插的成小苗，经过秋、冬季短日照均能开花。取 6～8 片叶的当年生枝条，去除下部大叶，上部留 2 片叶，从叶节下削平投入水中，阻止汁液外流，插于净沙中保湿，在约 25℃下，月余可生根。也可水插，用嫩枝插于净水中，3 天换水 1 次，20 天也可生根。

【栽培管理】 盆土应疏松、肥沃，酸性土壤(pH 6 左右)更好。可用腐叶土(或草炭土)、田园土、珍珠岩等量加腐熟有机肥配制。喜微湿偏干土壤，夏天为其生长旺季，25℃～35℃最适于其生长。需水量也最大。但如浇水过多，易造成植株徒长，因此尽管在生长旺季，也要控制浇水，应在叶片略微萎蔫下垂、盆土表面发干时浇水；雨季应随时将积水排出，或在雨大时，把花盆侧放，以防止盆中积水。家庭种植，可把盆花置于雨水浇不到的地方。秋凉后减少浇水，盆土保持微潮即可；开花时正是冬天，需水更少，也不大生长，盆土可保持微湿稍干。冬天室温不应低于 15℃，否则会延迟开花。营养生长期应有充足的光照，除夏季炎热光强，中午应适当遮光外，其他时间均应置光照下，光照不仅有利于植株生长，也可促使植株矮壮。如光照不足，茎干细长，株形不美。生长旺季，可每 10 天追施 1 次有机液肥或复合化肥。一品红更喜硝态氮肥，而不太喜欢铵态氮肥，用硝酸盐肥料比氯化铵更好。开花后应停止施肥。

一品红是典型的短日照植物，只有经过秋、冬季短日照才能开花。“十一”及夏、秋季见到开花的一品红，都是经短日照处理的开花植株。每天光照 8 小时，其余时间用黑塑料布遮光，经 50 天可开花。重瓣品种需 60 天左右的短日照处理才能开花。冬天花市见到的 10 厘米盆，15 厘米高左右开花的小植株，是采用晚扦插、经短日照处理开花的植株，可放在手上。这种植株很小，更适于在桌案上摆放。家庭种植的一品红，有时发生不开花现象，主要原因是天稍冷即搬入室内，因室内常有晚间灯光照明，延长了光照，植株未经过短日照光周期阶段，因此只长绿叶而不能开花。为防止植株徒长，株形不美，影响观赏，可用 0.5%B_9 喷洒心叶，每 10 天喷 1 次，根据需要喷数次，可控制株高。也可用 0.4%矮壮素每半个月喷洒 1 次，连喷几次。喷药后一二日内应避免茎叶喷水。经药剂处理的植株，茎节变短，茎秆粗壮，株型紧凑。

一品红品种甚多，苞叶红者称一品红，苞叶黄者称一品黄，还有白色苞叶和花叶苞叶品种，都是冬季重要的观叶花卉，可为节日增添喜气。

【病虫害防治】

1. 病 害

(1)叶斑病 在叶片上出现棕褐色小斑点，空气湿度大或有伤口时易受感染，感染部位可有白色黏液并破裂。加强空气流通，减少创伤可预防染病。发病初期，可用农用硫酸链霉素水溶粉剂2 000倍液喷洒，或用30％的氧氯化铜悬乳剂700倍液喷叶片，每10天喷1次，连喷2～3次。

(2)灰霉病 主要染病部位为幼嫩的花部及嫩梢、叶片。可见灰褐色小渍状病斑至灰色及灰褐色霉层。在早春和晚秋，温度为15℃左右、湿度大时易感染此病。加强通风、透光可减少病害发生。家庭种植，很少感染此病。发病时可用50％多菌灵500倍液或40％百菌清可湿性粉剂600倍液交替喷洒3～4次，间隔10天喷1次，一般可控制该病。

2. 虫 害 主要是白粉虱为害，可用25％扑虱灵可湿性粉剂1 500倍液喷布叶片正反面灭除该虫。此外，有时可见红蜘蛛、蚜虫和介壳虫为害，应及时用农药喷布予以消灭。

二十四、天竺葵 *Pelargonium hortorum*

牻牛儿苗科天竺葵属植物，又名绣球、洋蝴蝶。原产于南非。我国各地多有栽培。

【形态特征】 常绿亚灌木，老株主茎半木质化，幼株草本状。盆栽株高多在50厘米以下，茎节部明显，嫩枝常有毛。单叶互生，圆形至肾形，茎部心形，叶缘波状浅裂，叶面粗糙，中部常有一圈褐色晕环。全株常具一种特殊的气味。伞形花序生于嫩枝顶，有较长的花序总梗，梗上有短毛。每花序着花数十朵，每朵花有小花梗。花聚生成球形，花色多种，常见的有红、粉、白等色。花期长，冬暖也可开花，所以四季有花，但以初夏开花最盛，夏天炎热仅开少量花。

本属常见栽培的尚有以下品种：①洋蝴蝶（P. domesticum），又名大花天竺葵，花色多种，最明显的是花瓣上有两枚明显的斑块，形如蝴蝶。②蔓性天竺葵（P. peltatum），茎细弱且长，因而下垂；叶片盾形、质厚。又名盾叶天竺葵。常摆放于高处，形成空中花丛。③马蹄纹天竺葵（P. zonale），叶小而薄，黄绿色。叶面有一圈明显的褐色蹄纹，花小，主要用于观叶。④香叶天竺葵（P. graveolens），又名摸摸香、香叶。叶掌状，5～7深裂至近叶柄处，叶细碎而多皱，密披茸毛。花小，粉红色或淡紫色，全株有香味，触之有香气。主要用于提取香精，民间很少种植。

【生长习性】 喜湿暖、光照和疏松肥沃土壤。耐旱怕涝，高温时生长不良。生性强健，适应性强。

【繁殖方法】 播种或扦插。开花时人工授粉，花后1个半月种子成熟。春播或秋播，发芽适温为20℃～25℃，10天出苗。苗高15厘米时可摘心，以促发侧枝。有些品系易发侧枝，无须摘心。3～4个月可开花。扦插繁殖更为常用，春、秋季可结合修剪扦插，夏季扦插易腐烂。选1年生健壮枝条10厘米，顶端保留小叶1～2片，切口削平，晾干半天插入洁净湿沙中约4厘米，保湿，在20℃～25℃下，20天左右可生根。

【栽培管理】 天竺葵生长较快，应每年换土翻盆1次，翻盆多在早春进行，也可秋天进行。对前一年的老枝进行强修剪，每枝保留基部3～4个芽，脱盆，去除老根，换入新的培养土种植。生长后，每10天追施1次液肥，春暖移出室外，"五·一"可大量开花。炎夏应让植株充分休养，适当修剪，将花盆置于树荫下，常四周喷水降温，秋天可进入第二盛花期。十月中下旬天渐冷，应移入室内光照处，15℃以上仍可开花。如低温保存，需先强修剪，置5℃左右环境中，控制浇水，使植株处于半休眠状态，注意通风，翌春天暖再移出室外，翻盆换土，正常管理。

【病虫害防治】

1. 病害 常见有黑斑病，叶片上有圆形水渍状斑，中央凹陷坏死，并有蓝色霉点，可使叶片枯死。如少量发生，可摘叶销毁。也可用70%代森锰锌可湿性粉剂500倍液喷洒，每10天喷1次，连续喷3次。

2. 虫害

(1)红蜘蛛 常发生于高温干旱季节，通风不良更易诱发，可用三氯杀螨醇喷洒或将盆花用大塑料袋包好，内置含敌敌畏的棉球或布条，经一夜可杀死全部红蜘蛛。

(2)粉虱 常因通风不良引起。可用25%的扑虱灵可湿性粉剂喷洒枝叶或邻近置放涂有黏油的黄色塑料板粘杀。

天竺葵花期长，易栽培，是庭院、阳台、花坛布置的理想植物，也很受群众喜爱。

二十五、沙漠玫瑰 *Adenium obesum*

夹竹桃科沙漠玫瑰属植物，原产于非洲东部至阿拉伯半岛南部的热带干旱地区。我国近年引进，多作盆栽。

【形态特征】 常绿灌木，在原产地高可达5米。盆栽株高多在1.5米以下。茎略肉质，主茎膨大较粗，茎光滑，灰绿色；根也粗壮，略肉质。叶常集生于枝顶，单叶互生，倒卵形至长圆状倒卵形或椭圆形，长10厘米左右。叶稍肉质，叶面光滑、绿色；叶背灰绿，全缘。花集生于枝端，总状花序，着生花朵5～10朵；花冠漏斗形，5裂，花径5厘米；花为红色、粉色，中心渐浅；花中心部呈黄白色，也有白色花及复色花，甚为美观。花期为春、夏、秋，冬季室温高也可开花。果实卵圆形、红色，于花后3个月成熟。种子长粒状、黄色，有白毛。茎枝叶有乳汁，具毒，家畜或少儿误食可引起心跳加速等反应，应予以注意。

【生长习性】 喜充足光照、高温、干旱和含钙质的疏松肥沃、透气排水的沙质壤土。不耐阴，忌水湿，畏寒。适生温度为20℃～30℃，温度低于10℃易落叶。

【繁殖方法】 播种或扦插。果实成熟后取出种子洗净晾干，贮于潮湿沙子中，春天播种。发芽适温18℃～25℃，10天左右出苗。苗期应常见光，使土壤保持微潮，冬季室温应在10℃以上，翌年春可移栽上盆。播种苗主茎基部肥大，株型优美。扦插，温暖季节均可进行，但以夏季高温生根较快。选用1～2年生茎枝，以顶端部分为好，截成10厘米长，切口晾干后插于沙床。沙床不可太湿，太湿易引起插穗腐烂。在约25℃下，20～30天可生根。扦插苗茎干不肥大，不如插种苗优美。

【栽培管理】 该花根系肉质，怕水湿。盆土应用疏松肥沃、排水良好的土壤，如腐叶土加河沙各半，盆土不能积水，也不能板结，并常松土。每两年最好换盆土1次，时间以休眠结束（即早春）为宜，盆土表土干燥时才能浇水。冬季温度低，植株处于停长阶段，应控制浇水并停止施肥。喜强光照，冬季也应置室内光照处。如光照充足，植株丰满，矮壮，叶片密集，易开花，花色艳丽。如光照不足，则枝条细弱。天暖时应置于阳台光照处，但水分蒸发快，应注意浇水。不畏夏季高温，在高温下生长快。但不耐寒，温度低于10℃易死亡，因此冬天务必注意保暖。天凉可引起落叶。落叶的植株，盆土可稍干燥，保持微潮，翌年春暖后可发芽长出新叶。待天暖后，气温稳定在20℃左右再移出房外。生长季节生长开花消耗大量养分，应重视追肥，每月施1次饼粕肥水，并加入0.2%磷酸二氢钾，以保证花期磷的供给。秋季凉爽后，生长减缓，可停止施肥，翌春天暖后再开始供肥。

【病虫害防治】 病害主要有叶斑病。叶片、叶柄和茎均可发生，形成灰白色不规则病斑，病斑常呈轮纹状，可喷甲基托布津或百菌清可湿性粉剂600～800倍液，并注意销毁病叶。

最常见的虫害是介壳虫，常发生于通风透光不良、高温高湿环境。家庭少量种植，发现虫害时可用毛刷刷掉，或用钝刀刮掉。用醋或酒精浸湿棉球，在虫体处涂擦，也可将介壳虫擦掉。刮掉的介壳虫可用报纸接住包好烧毁。

二十六、叶子花 *Bougainvillea glabra*

紫茉莉科叶子花属植物，原产于南美洲巴西、秘鲁、阿根廷等国。又名三角花、宝巾花、九重葛。在我国各地有广泛种植。

【形态特征】 为常绿攀援藤本植物。长可达10余米，南方冬暖地区可地栽，搭棚设架供攀援。北方盆栽，常修剪成灌木状。单叶互生，有腋生刺。叶卵形、心形或椭圆状披针形，先端渐尖，全缘。花生于枝端或叶腋，每3朵小花簇生于3片着色的叶状苞片内，花梗与苞片中脉合生，花细管状，长2厘米，顶端5裂，淡黄色近白色。叶状苞片卵形、端尖，三枚苞片组成三角形，故又名三角花。带色的苞片实为叶子变态，形似花，故名叶子花。也有的为重瓣品种，花由多枚苞片组成，花已变小，几近退化，下方的苞片上无花着生。园艺品种多种，花色甚多，如紫红、玫瑰红、砖红、粉红、橙红、橙黄、紫色、白色或双色。花开时几乎全株皆花，十分耀眼。是我国节日花坛摆设中的常用花卉。多于冬、春开花。也见于其他季节。珠江三角洲地区几乎全年均可开花。

【生长习性】 喜光照充足和高温湿润；喜肥水，不耐寒，0℃以上可越冬；不择土壤，耐贫瘠，也耐干旱，忌水涝。生长适温为20℃～30℃，35℃也安然无恙。属生性强健的易养植物。不怕干旱，怕水湿。

【繁殖方法】 扦插或压条，也可嫁接。天暖季节可剪取1～2年生枝条，剪成10余厘米长的插段，插于盆中、保湿，经月余可生根。也可于6～7月剪取当年生半木质化枝条扦插。压条繁殖更简易，可减少扦插之麻烦，只需将枝条环剥后，将环剥处埋入土中即可。

【栽培管理】 由于叶子花生性强健，管理也十分简单，扦插苗生根后可移入花盆，盆土应疏松肥沃。植株生长较快，应多次摘心、多发枝条。该花喜光，花盆应置于光照处，生长季节每月可在花盆周边埋一些腐熟的饼肥粉，以不断供应其生长之需。如光照充足和水分充足，生长很快，应及时剪去过密的细弱枝条，可根据个人爱好修剪成型。天冷基本停止生长，可停止施肥，控制浇水，原则是盆土干透再浇水。盆土常湿易烂根，盆土短时干旱无大影响。

叶子花具短日照植物特性，秋末进入短日照期，因此冬、春季易开花。如于国庆节用花，需提前2个月开始进行短日照处理，每天控制8小时光照，1个月左右可见花蕾，40～50天可开花。

叶子花易种植，花期长，花色美，我国各地有广泛种植。在冬暖地区，可地栽做棚架、花廊、花坛隔离带、绿篱等。在北方盆栽，可美化庭院、阳台，布置花坛。很少见病虫害发生。

二十七、倒挂金钟　*Fuchsia hybrida*

柳叶菜科倒挂金钟属植物。原产于中南美洲墨西哥、智利、阿根廷等国的山区林下。又名吊钟海棠、灯笼海棠。我国各地多有种植。

【形态特征】 常绿小灌木，高多在1.5米以下，盆栽多在30～50厘米。叶多对生或3叶轮生，卵形或卵状披针形。花生于枝上部叶腋，花梗细长，因而花下垂。花萼肉质，下部连合成筒状，端4裂反卷，钟形。花萼多呈红色、橘红色或白色，花瓣4，呈微抱合状，玫瑰紫色、红色、粉红白色多种。不同花色的花萼与花瓣组合成众多的品种，现在见到的多为杂交种，主要在春、秋两季开花。

【生长习性】 喜凉爽、湿润、半阴、通风环境。适生温度为15℃～25℃，超过30℃停止生长，35℃易落叶死亡，低于5℃易受寒害。夏季忌酷暑、闷热和强光照，喜冬季光照。

【繁殖方法】 扦插。一般在秋凉或春天剪取当年生枝条，最好枝条尚未木质化，以顶端枝条为好。每段3～4节，保留上端叶2片，去掉其余叶片，插入净沙土或蛭石中一节即可，置阴凉处，常喷水保湿。也可用透明塑料袋覆盖，但每天应揭膜1小时透气，在15℃～20℃下半个月可生根。经月余可上盆。

【栽培管理】 盆土要求疏松肥沃，可用5/10的腐叶土、4/10的砂壤土和1/10的有机肥配制。上盆后经3个月的种植可以开花。冬天应注意防寒，温度低于5℃易受寒害死亡。封闭的阳台夜晚温度较低，应搬入室内，白天可再搬到阳台。冬、春季光照适宜。夏天应置于阴凉、通风、避雨处。

倒挂金钟原生于凉爽的山区林下，怕热，故安全度夏为养好倒挂金钟的关键。气温高于30℃，植株基本停止生长，并易出现落叶现象，这时再浇水，很易烂根。此时应将花盆置于北阳台或屋檐下通风、稍见光照、下雨浇不到的地方；并常向四周喷水，降温增湿，并应停止施肥、控制浇水。夏季，应保持盆土微湿偏干并防止雨淋。即便植株叶片落完，待秋凉后浇水，植株仍可恢复生长。新苗比老株耐热性能好，炎夏常不落叶，每年常培育新苗是安全度夏的良好措施。倒挂金钟花多开于新枝，因此适时摘心促发新枝，可以多开花，摘心应从苗期开始，以增加盆株枝数，促使株形丰满，亦多开花。可在植株10厘米高时第一次摘心，留3～4个分枝，以后可根据植株生长状况进行第二次摘心，每次摘心后，一般新梢20天左右可着花。

【病虫害防治】

1. 病害 常见有灰霉病发生。叶、茎、花均可感病。受害部位常出现水浸状斑点并逐渐变成褐色或黑褐色斑点腐烂，腐烂处还会着生灰色茸毛状菌丝层。以防为主，发病初可摘掉病叶烧毁，也可用50%多菌灵或75%百菌清或代森锌可湿性粉剂溶液喷布3～5次，每次间隔10天。

2. 虫害 主要是粉虱（又称小白蛾）为害。常伏于叶背，触动叶子便会起飞。成虫很小，长约1毫米，黄白色。成虫及幼虫都聚集于叶背吸食汁液，导致叶片卷曲干枯。可喷2.5%的溴氰菊酯或800倍的中性洗衣粉液。该虫具趋黄性，可用黄塑料板涂机油粘附。

二十八、扶　桑　*Hibiscus rosa-sinensis*

锦葵科木槿属植物，原产于我国南方及南亚一带，在我国已有近2000年的种植史，又名朱槿牡丹，现已为许多国家引种。

【形态特征】 常绿灌木，高可达6米。盆栽株高多在1米以下。茎直立而易分枝。叶互生，卵形先端尖，叶缘有锯齿形似桑叶。花生于叶腋，直立或下垂，花大而美，单瓣或重瓣。单瓣花漏斗形，花径10余厘米，花瓣5，雄蕊及柱头伸出花外。重瓣花不呈漏斗形，雄蕊及柱头短而不伸出花外，花径10余厘米。花有红色、粉红色、黄色及白色多种。蒴果卵圆形，但多不结果。温度适宜，可全年开花，但以夏、秋为最盛。

【生长习性】 喜温热、湿润和光照。属强阳性植物，不耐阴，不耐寒，也不耐旱。对土壤要求不高，适宜在肥沃的砂壤土种植，微酸性更好。

【繁殖方法】 扦插繁殖。仅个别品种难生根，需嫁接繁殖，如白雪公主、重瓣柠檬黄等，即使用生根剂也难生根。春、夏、秋季温暖天气均可扦插。

春天可选前一年生枝条扦插，夏秋可选用当年生半木质化枝条作插条。截取较硬部位10～15厘米长，含5～7节，去掉上端幼嫩部分，下切口位于最下叶节下0.2～0.5厘米处，斜切，保留上端2片叶并各剪去一半，插于洁净粗沙中，覆盖塑料薄膜保湿，在20℃～25℃下约20天可生根。如插前用10毫克/升的吲哚丁酸浸泡插穗基部半天，生根更快。嫁接可于暖春进行枝接或芽接，砧木可用单瓣花品种。

【栽培管理】 盆土用疏松肥沃的砂壤土。将扦插成活的枝条栽种于盆中。在阴凉处放几天，开始生长后可逐渐见光。苗高10～20厘米时，可摘心促发侧枝。扶桑生长较快，应每年更换大一些的盆并更换新的营养土。结合换盆，修剪根系。扶桑喜光、喜肥，天暖应置于光照下，即使炎夏强光，只要盆土供水充足，仍可生长开花。天凉后应置于室内光照处。扶桑生长快，需肥量大，在春、夏、秋季可半个月施1次饼肥水，也可将有机肥埋于盆的四周。如气温超过35℃，可暂时停止追肥。秋末天凉，气温降到15℃以下，也应停止追肥。气温低于10℃，可移入室内。室温应不低于10℃，并应控制浇水，停止追肥，使之在低水平的新陈代谢下安全过冬。如气温低于5℃，某些不耐寒品种可能会受寒死亡。翌年春转暖后，室内常通风，逐渐见室外日光，经过锻炼，再置室外光照下。

【病虫害防治】

1. 病　害

(1)叶斑病　常发生于高温高湿季节，叶片上产生黄褐色病斑，幼嫩枝叶更易发生。发生细菌性病害时，细菌可在病组织中越冬，应清除病叶，可用农用300毫克/升土霉素或100毫克/升链霉素液喷洒嫩枝叶，每7～10天喷1次，连喷3～4次。也可用12%氨水500毫升溶入50克硫酸铜的铜氨液喷洒枝叶，每3天喷1次，连喷2～3次。

(2)灰霉病　常见于叶片及花瓣，初生呈水渍状病斑，阴雨天或湿度大时易呈软腐状，病部布满灰色霉层或土黄色霉层，由真菌引起。病菌在土中越冬，春天产生孢子借风雨传播。可用75%百菌清500倍液喷洒，每10天喷1次，连喷2～3次即可。也可用多菌灵1克或代森锌1克加草木灰50克施于盆土表面也可防治。上述两种病害多发生于湿度大的雨季，注意光照、通风，该病很难发生。少量发生时可摘除病叶销毁。

2. 虫害　常见介壳虫为害，多发生于高温高湿、光照不足、通风不良的季节。可用中性洗衣粉液喷洒茎叶，封闭虫体，使其窒息死亡。发现蚜虫为害幼嫩茎叶时，可用氧化乐果或敌敌畏等农药喷洒，易于消灭。

二十九、中国水仙

Narcissus tazetta Var. chinensis

石蒜科水仙属植物。1 000 多年前从欧洲引入的多花水仙亚属的法国水仙，经多年选育演变而成，主要产于我国闽、浙两省。

【形态特征】 为多年生球根植物。地下具肥大鳞茎，卵圆形，根细长，无侧根，根长 10～40 厘米。根在鳞茎盘上呈环状排列，通常 3～7 层。叶扁平带状，无叶柄，长 30～50 厘米，通常具叶 5～9 片。花茎从叶丛中抽生，高可达 45 厘米，伞形花序，外有苞膜，内有小花 3～9 朵。花冠高脚碟状；花瓣 6 片，外 3 片由萼片演变而成，内 3 片为花瓣，均为乳白色、卵形，花中心有杯状副花冠。花后结蒴果，但水仙为 3 倍体植物，高度不孕，不能结籽。本种有 2 个品种：最为常见的为单瓣品种，称为金盏银台；玉玲珑为重瓣花，花瓣多，白色夹杂黄色花瓣，由副花冠及雄蕊演变而成，较为少见。水仙 鳞茎含有毒素“那可丁”(Nacortin)，食之可引起头晕、昏迷，但花可食。

【生长习性】 喜凉爽、湿润和光照。冬无严寒、夏无酷暑，均可栽培。适宜于湿润、肥沃的土壤中栽培。前期生长适温为 12℃～20℃，后期为 20℃～24℃，超过 25℃即进入休眠。

【繁殖方法】 鳞茎繁殖。水仙球为鳞茎，可用小球种植。

【种植简介】 水仙种植仅限于我国东南沿海一带的少数地区。当地气候适宜，有丰富的种植经验，能生产高品质的球茎供国内外爱好者用于水养，观赏后弃之。因此，一般水养者略知种植过程即可，不必用水养过的水仙球种植，因为自种一般均劳而无果。

种植地区将水仙小鳞茎于 10～11 月种植，翌年 1～2 月开花，初春鳞茎迅速膨大;夏季叶片凋萎,6月下旬挖取鳞茎贮藏。经3年种植形成商品球出售。生产过程需在花前摘花减少养分损耗,每次种植前需剥去大鳞茎两侧的小鳞茎,最后一次种植大鳞茎前3天,对鳞茎进行"割刈"处理,即用特制刀具挖掉大鳞茎主芽两侧的一些小芽,使鳞茎长大,在最后一次收获后还需进行一次处理,以促使花枝增多。水仙球收获后,内部仍在发生生理变化,主要是气温高于25℃后,花芽开始分化。在花芽分化期,于6月下旬至7月上旬在干燥、密闭的室内,在32℃±2℃室温下燃物烟熏,使催花剂蒸发(内含乙烯气体)飘逸于全室,可增加开花枝数,需连续处理10日才能形成出售的商品球。

【水　养】 水养水仙,首先应选买好的种球,才能开花多。市售水仙球有20桩、30桩、40桩之分,指在一定体积的竹篓内装的球数,球大,竹篓内装的球就少,所以20庄球为最大的球。球大,以后开的花才会多。同样大的球,质量也不一样,应选坚实、手感较重、主鳞茎与两侧小鳞茎分布均匀、呈"山"字形、根盘大而无伤口、略凹的种球。如根盘受伤,根生长不良,对水培效果影响最大,要特别注意。在水养前,应清除鳞茎上的泥块、褐色的膜质外皮、外层不完整的白色鳞片及干枯的须根。水养至开花的时间和水养开始的时间很有关系,贮存的水仙球,内部一直在进行着花芽的分化与生长。在同等的水养条件下(如温度,光照等),早水养,至开花的时间要长些;晚水养至开花所需时间要短些,如11月上旬开始水养,需35天才开花;12月上旬水养,经30天即可开花;而晚至翌年1月水养,只需25天即可开花。需要春节观赏的,提前25天水养即可。温度对开花的时间很有影响,温度低会延迟开花。

1. 一般水养 对大多数家庭来说,一般是安排水仙花节日开花,以增添节日喜庆,只需对水仙球作简单的处理,即可培养出一盆叶茂花多的水仙。在清除外层皮膜后,在鳞茎背腹两面各竖划两刀,划深几层鳞片即可,但不能划伤内部花芽,通常划深0.5厘米左右,目的是松散鳞片,以便于花葶抽出。经刀划过的鳞茎,放入水中泡2天，并换水洗去流出的黏液，即可置于水仙盆中养植。水仙盆内放一些卵石，以固定水仙球，倒入水，水位达鳞茎的1/2即可。几日后可出根。开始生长后，应置于室内光照较冷凉处，以利于植株健壮生长。在室外温度达10℃左右时，可将它移置室外光下几小时。如室温达20℃，但光照不足，易发生徒长，叶片长得很长，甚至不能直立，由于叶片生长消耗大量营养，可造成哑花现象，甚至不能开花。在水养期间应每隔几天换水一次，使水保持洁净。

2. 雕刻水养 水养经雕刻的水仙球，可增添许多趣味性，可形成各种造型，极富观赏性，是一种技巧与艺术的结合。水仙的叶与花梗被刻伤后，其生长与未受伤部分的生长不平衡：未受伤的一侧可正常生长，刻伤的一面则缓慢生长，因而发生弯曲、扭转。弯曲程度和刻伤的长度、深度有关。叶片一侧可刻去1/2～3/5，而花梗刻深不能超过1/3，如果多刻会导致花梗不能立起而倒伏。如叶片刻得长度越长、深度越大，则长出的叶片越细，弯曲度越大。雕刻不能伤及花苞膜，花苞膜受损，便难以开花。雕刻水仙，可先少刻伤一些叶及花梗，逐渐加大力度。经过雕刻的水仙球，长成蟹爪状植株，称蟹爪水仙。雕刻不同形状和大小的水仙球，可以作各种组合，包括方位的搭配或加入一些附件，可组成不同造型的艺术品，如形成各种鸟兽或金鱼戏水等生动的艺术形象。水仙的花茎短小，不易雕刻，可在水养几天后再刻。已雕刻的水仙球，应泡水洗净黏液，否则黏液会凝固于鳞片上，产生斑点或引起腐烂。通常应用水泡3天，并不断换水，才能将黏液清洗干净。

养植水仙的盆应根据造型选盆。观叶观花的可选用一般水仙盆，观根的可选玻璃瓶，这样可观看洁白、细长的根系，观水仙球的可选浅盆。根据造型摆放水仙球的位置，并用卵石等物固定，加水至鳞茎盘基部，伤口处及露出水面的部位应用脱脂棉或医用纱布覆盖，以防止变色。最好每天换水，并清洗覆盖物。5天左右换1次覆盖物。水养初期，应置于10℃～15℃的地方，少量见光即可，

10 天后可增强光照，促使花枝生长。

为防止水养水仙徒长，可用生长抑制剂处理，当水仙根长达 1 厘米后，可换至 500 毫克/升多效唑（商品量，含纯药 15%）溶液中，多效唑可抑制叶片及花茎伸长，并使叶片宽短、浓绿，开花时植株矮化适中，即使在稍高的温度下也不会旺长而倒伏。

三十、喇叭水仙 *Narcissus pseudonarcissus*

石蒜科水仙属植物。原产于地中海沿岸。人们常把从欧洲引入的一些水仙新品种泛称“欧洲水仙”或“洋水仙”

【形态特征】 多年生球根草本植物。株高 40 厘米左右。地上无茎，扁平窄条形的叶片从地下鳞茎长出。花茎略高出叶顶，端生一花，喇叭形，横向开放。花被片 6 片，长椭圆状披针形；黄色或白色，中心有一黄色的喇叭形副花冠，端部边缘皱褶或波状，与花被等长。花大小不同，大花喇叭水仙（var，major）花径 7 厘米左右；小花喇叭水仙（var，minimus）花仅有大花喇叭水仙花的一半或 1/3，花期在春天。园艺学家根据水仙花的形态把它们划分为 12 个类群。近年引进的主要分属 3 个类群：①喇叭水仙群。副冠喇叭形。②重瓣水仙群。副冠与雄蕊瓣化，花中心呈多枚碎花瓣，似重瓣花。③红口水仙群。花被片白色，副冠黄色，边缘为橘红色的皱边。人们通常分别称它们为喇叭水仙、重瓣水仙和红口水仙。

【生长习性】 喜温暖、湿润、冬暖夏凉气候和充足光照。喜水、喜肥，要求富含有机质的疏松肥沃、排水良好的壤土。也耐干旱、瘠薄与寒冷，在华北地区可露地过冬。

【繁殖方法】 用球根繁殖。春天开花时，地下形成新的鳞茎。花后，植株枯死后，挖出地下球根供秋季种植。

【栽培管理】 通常作盆栽或庭院地栽。应选大球种植，春天才能开花。作盆栽时，土壤应配制成肥沃的土壤；作地栽时，应有较深的土层，并施足基肥。土层深厚、肥沃，根系才能生长良好。

秋天9～10月种植，华北地区“十·一”前后种植，长江流域可晚些种植。种植深度为球根高度的2倍，一般深度在10厘米之内。鳞茎须经过一个低温阶段于春天才能长叶开花，所以盆栽的冬天也不能全置放于温暖的室内，也应和地栽的一样，将花盆埋于庭院土中。种后约经过两个月即可通过低温阶段，可于12月下旬将花盆挖出置室内凉爽处，浇水，促使发芽后置室内有光照的温暖处，使其逐渐生长开花。露地种植的冬前只长根不出芽，翌年早春破土出芽。春天干旱，应浇水促其生长，于晚春开花。早春可结合浇水追肥1次，促进生长开花；花后可再浇水追肥1次，促进地下鳞茎生长。球根大，种后才能开花。炎夏，地上叶片枯黄死亡后，可挖出球根晾干在室内贮存。秋天种植时，应先用福尔马林100倍液浸泡5分钟以杀灭病菌后再种植。也可用其他杀菌、杀螨农药浸泡灭除病虫害后再种植。市售的水仙种球多是从国外引入，已经过冷处理，直接种植可开花。如水仙种球没有经过低温处理，种后不能生长开花，可贮存于冰箱5℃～10℃下，经2个月后再种植，即可开花。

三十一、郁金香　*Tulipa gesneriana*

百合科郁金香属植物，原产于中亚的土耳其、伊朗的高山地区及我国的新疆，后传至欧洲。由于荷兰气候适宜及育种家的精心培育，如今荷兰已成为郁金香种球生产大国。郁金香亦成了荷兰的国花。

【形态特征】　多年生球根花卉。叶通常为2～4片，着生于茎的下中部、下部叶比中部叶大。叶阔披针形至卵状披针形，叶基部阔，端部渐尖。叶浅蓝绿色，具灰色蜡质层；茎直立，被白粉。株高一般为0.5～1米。通常茎端着生花1朵，花被片(即通常称花瓣)6片，也有多片的重瓣品种。花形多为杯形，也有的是碟形、星形等。雄蕊6枚，雌蕊柱头3裂，蒴果，每果具种子数百粒。花色多种，通常紫黑色的花较为名贵，花期在春季。地下具鳞茎，扁圆锥形，由3～5枚肉质鳞片组成。

【生长习性】 喜凉爽、湿润、光照和避风。耐低温（可耐－14℃低温），畏炎热，超过30℃即逐渐死亡。喜疏松肥沃、排水良好的沙质壤土。

【繁殖方法】 用种球繁殖。种子繁殖仅用于育种。

【栽培管理】 地栽或盆栽，也可水培。秋季种植种球，通常当地温（地表下15厘米处）为10℃左右时种植最为适宜，此时华北地区多在"十·一"前后，长江中下游则多在10月下旬至11月上旬，地栽时地面要平，施足底肥。盆栽则需土质肥沃。此时温度有利于根系发育，而不利于芽的生长，因此种后只长根不长芽，幼芽在地下越冬而不出土，而根在气温为1℃～3℃、土温在5℃～7℃时仍可缓慢生长，经过70～90天的5℃～9℃低温，春天幼芽出土可健壮生长开花。低温阶段不够，春天生长明显不好，花朵也变小。周径大于10厘米的种球才能开花，因此应选大的健壮种球种植，覆土深度应为种球高的2倍，小鳞茎需种植2～3年长成大球才能开花。春天当气温升到10℃时，幼芽开始出土；气温为10℃～15℃时，幼苗展叶，并进入旺盛生长期。气温稳定在15℃～20℃时，花茎迅速生长，北京市4月份进入花季，南方则会更早。春天是生长旺季，应注意浇水并追肥。春天干旱时可浇水1～2次；保持土壤湿润即可，不必太湿。春季从出苗至现蕾，应追肥2～3次，可用腐熟的有机肥液或三元复合肥。如氮肥不足，植株生长不良，结的种球也少。磷、钾肥有促进花茎生长，促进鳞茎生长发育的作用。花后天逐渐转热，植株也逐渐枯萎死亡，可挖出地下新形成的鳞茎保存，备秋天种植。

盆栽，可选用大的健壮郁金香球，每盆种植3～5个。秋天种植，盆土能覆盖鳞茎即可，浇水后整盆埋入土中，12月底已度过低温阶段，可随时将盆取出，在开花前30～40天置于15℃～20℃的室内光照处，约1个月后可开花。

以上是普通种球的种植方法，须在秋天种植，经过一个冬季的低温，春天即可生长开花。目前花卉市场卖的种球一般均来自荷兰，已经过低温处理，有5℃球和9℃球两种。5℃球是已完成低温处理的种球；9℃球是经部分低温处理，尚未完成低温阶段处理的种球。用这类种球种植，可随时种植而不限于秋天。但种植的球仍应先置于9℃左右的环境，这样的温度可先长根；如置于15℃左右的环境，则会根叶齐发。由于根还未长好，茎叶也常常生长不良，也不利于开花。9℃球通常种植后置于9℃环境下（可置暗处），盆土保湿，经一个月根系发育好后，即可移入15℃～20℃的室内，让其生长开花。5℃球种后，置于9℃环境中，待其根系形成后即可移入室内。

郁金香还可用水培供冬季室内观赏。水培别有情趣，用的种球属一次性用材，要求植株健美、花大，无须考虑结子球以后使用，因此应选用大而健壮的鳞茎并已完成低温处理的5℃球。如有条件，种球可用0.3%硫酸铜溶液浸泡30分钟；也可用其他消毒剂消毒，阴干后再用。容器可用大口花瓶或水仙盆，盛水浸没于种球一半，置9℃左右的黑暗环境中，这样的温度与黑暗有利于生根。如果温度过高，根系常发育不良，而且会长芽，对开花不利；如果芽生长过快，还会发生只长苗不开花的盲花现象。生根期间，应常检查水分是否缺失，如缺水应及时补充。根系形成后，可移入室内光不能直照的地方，2～3天后可置放室内光照处。如室内温度高，植株生长快，耗水也快，应及时补水。如换水，不可将原有的水全倒掉换成新水，否则根系常生长细长而不健壮。室内温度以13℃～14℃为宜，温度过高易引起植株细弱甚至倒伏。水培健壮的种球，无须加入任何营养。

【病虫害防治】

1. 病 害

(1)枯萎病　该病较为常见，由真菌引起。球茎、叶、花均可发病。发病初期可见褐色病斑，严重时可使花枯萎，茎基部和球茎外部鳞片出现腐烂。病原可借风传染，病菌可在土壤中越冬。预防措施：种球种前可用50％多菌灵500倍液浸泡消毒，植株染病可用多菌灵、百菌清、甲基托布津液喷布。

（2）青霉病　由青霉菌侵染引起，主要侵染球茎，孢子青绿色。易在球茎间传布，引起植株死亡。种前可用多菌灵等杀菌药灭除。

（3）叶腐病　由立枯丝核菌侵染引起，主要危害幼芽。发病初期第一叶片便出现孔洞，叶片畸形，茎上出现淡褐色或黄白色病斑，花茎从下向上枯萎。防治方法：用五氯硝基苯或甲基立枯磷等灭菌药进行土壤和种球消毒，避免在菜地上种植。

2. 虫　害

（1）蚜虫　为害植株的花、叶，并传染病毒。可用氧化乐果等灭蚜药液喷布灭除。

（2）刺足根螨　红蜘蛛的一种。可在种球贮藏及种植期间为害种球，引起球茎变黑、腐烂；也可为害花蕾、花朵，吸食汁液。防治方法：种球收获后及种植前用三氯杀螨醇1 000倍液浸泡，生长期间用50％杀螟松乳油或三氯杀螨醇1 000倍液喷雾。

相关链接：风信子（Hyacinthntus orientalis）为百合科风信子属植物，其生长习性、繁殖方法与栽培管理技术和郁金香相同，可参照郁金香栽培管理技术进行。

三十二、百合　*Lilium* spp.

百合科百合属植物，广泛分布于北温带。东亚与北美洲是主要原产区。全属植物100种，我国产40余种，是百合的分布中心。我国北至黑龙江，西至新疆，南至台湾都有百合原产，但以西南及华中地区为最多。

【形态特征】　多年生草本植物，地下具无皮膜的鳞茎；鳞片披针形，紧密覆瓦状重叠排列形成鳞茎。鳞茎生长出的根，肉质粗壮，吸收土壤养分能力较强。地上茎直立，高可达1～2米，不分枝，叶呈螺旋状散生排列，有的呈轮生状；叶披针形，具明显的平行叶脉，茎顶生花 1 朵或数朵，更多者 10 余朵。花大，每花具花瓣 6 片，宽披针形，雌蕊 1，雄蕊 6。花呈喇叭形或钟形，其颜色有白色、黄色和红色等。花期在夏季，果期 7～10 月但很少结果。单果有种子 200 粒以上，千粒重 2～3.4 克。有的百合地上茎下部茎节处能产生珠芽或小鳞茎，均可用于繁殖。

【生长习性】 喜光照，喜土层肥沃、深厚。原产于北方的百合喜凉爽气候，原产于南方的百合喜相对较温暖的气候，但都有一定的耐寒性。

【繁殖方法】 多用地下鳞茎繁殖，地上茎生的小鳞茎及珠芽也可用于繁殖。某些品种可用种子繁殖。如管理适宜，当年即可开花，如麝香百合与台湾百合。但更多的种子繁殖需 3～4 年才能开花。种子繁殖可节省大量鳞茎，并可获得无病毒植株，也可能获得新品种，惟一的缺点是开花所需时间长。

【栽培管理】 百合常用于庭院栽培或盆栽。一些百合品种可作药用，一些百合主要供食用，一些观赏性百合则主要用作盆栽观赏或切花。所有种类的百合花都很美，均可用于观赏。

种植百合的土壤以深厚、肥沃的沙质土壤为宜，在这种土壤中植株生长快而又健壮，所结鳞茎色白而又肥大。百合比较耐肥，氮肥对春天百合出土后茎叶的快速生长起重要作用。钾肥能使茎秆粗壮，促进鳞茎中淀粉的积累；磷肥对花的形成有重要影响，而且对各生理过程都是不可缺少的。百合较耐肥，需要较多的肥料，土壤肥沃是百合生长良好的重要基础。百合喜干燥、怕积水，整个生长期土壤湿度不能过高，雨后积水应及时排除，但对空气湿度适应性强，所以在南方大气湿润或北方空气干燥的条件下，均能很好的生长。百合为长日照植物，喜光照，但怕炎热强光照，所以开花于夏天长光照季节，如需在冬季促成栽培百合，则需补光才能诱导开花。百合地下鳞茎耐寒，大多都能耐－10℃的低温，但原产于南方的百合耐寒力稍弱。特别是原产于台湾的百合，通常需 0℃以上才能过冬。地上茎适宜的生长温度为16℃～24℃，在早春平均气温为15℃时才能出土，而气温高于28℃时生长受到抑制。如高于33℃，茎叶易枯黄死亡。花期平均温度以24℃～29℃为宜。所以百合适宜于北方及华中、西南地区生长。庭院种植，只需深翻土地施肥、秋天浇水，种植鳞茎即可。春天浇水，如底肥充足，夏季花前只需施一二次肥即可。清明前后，幼苗出土不久，应及时追肥，促进幼苗生长；开花前应再追肥一次，以促进开花。庭院种植百合，既可选用观赏百合，也可选用食用百合和药用百合。例如卷丹(L. lancifo lium)、山丹(L. pumilum)及麝香百合(L. longiflorum)等品种，不但花美，鳞茎还可入药，麝香百合还是有名的观赏花卉，花色洁白而香。菜用百合，如兰州百合(L. davidii van. willmottiae)、宜兴百合(L. lanci folium)、龙牙百合(L. brownii var. viridulum)都有产量高的特性，兰州百合还具有既耐寒、花又美的特点。观赏百合是近年传入我国的一些杂交种，主要用作切花，花序大、花多、花色丰富，也常用作庭院栽植或盆栽观赏。观赏百合有9个杂种系，目前引入我国的有3个杂种系，即亚洲百合杂种系，东方百合杂种系与麝香百合杂种系，其花姿花色各有特点。

观赏百合与所有百合一样，需要一个低温期，经过一冬的低温处理，春天才能发芽，所以秋天种植经一冬的低温，地下长根，春天出苗，夏天开花。未经低温处理的种球是不会发芽开花的。秋天可庭院种植，也可盆栽，一般经过2个月5℃左右的低温便可度过低温期，盆栽的种球可在秋天埋于院内土中，12月底可挖出花盆置室内光照处养护。也可将百合球放于5℃左右的冰箱中，经过2个月的低温处理，即可种植于室内。通常周径为12厘米左右的大球才能用于种植开花，小球需再养植1年才能开花。

盆土应肥沃。为防止病害发生，种球种前需经农药消毒处理，可用多菌灵等广谱杀菌药液浸泡灭菌，须晾干才能种植。种后需浇1次透水，以后常保持土壤湿润，湿润度以手握成团但不出水即为适宜。白天室温可保持20℃～25℃，夜晚以12℃～13℃为宜。

种植1个月后应追肥，可先埋入有机肥，再浇水。若发现有缺铁现象（嫩叶发黄），可喷0.2%硫酸亚铁溶液。进入花期可用0.3%磷酸二氢钾作叶面喷肥。应注意适宜光照，天暖移到室外，防止强光照，要注意适时浇水。

花期随品种而异，如亚洲百合系一般种植后12～16周可开花，东方百合系与麝香百合系则为14～18周。花后（或剪花后）应施1次磷、钾速效肥，以促进鳞茎长大、充实。植株枯萎黄化后可挖出鳞茎洗净后置于5℃～10℃的冰箱中保存2个月，即可重新种植。

【病虫害防治】

1. 病　害

（1）叶枯病　常见于江南潮湿地区。主要危害叶片，也侵染芽、花和茎。叶上病斑圆形或椭圆形，浅黄色至浅红褐色，天极潮湿时可产生灰霉层；天气干燥时，病斑变薄，半透明状，浅灰色，可使叶片干枯。可用50%多菌灵500倍液或70%甲基硫菌灵1000倍液喷洒。

（2）百合疫病　又称脚腐病，常发生于雨水多的季节。染病的茎出现水渍状，叶片产生水渍状灰绿色至淡褐色斑，可引起嫩茎枯萎，植株枯萎而折倒。发病初期可拔除病株，也可喷洒25%甲霜灵2000倍液或20%敌克松原粉1000倍液。应喷施足量的药液，使药液流到病株茎基及周围土壤，以消灭植株茎基部土壤中的病菌。

（3）茎腐病　主要危害鳞茎，使鳞片发生褐色腐烂并脱落。病菌在鳞茎上越冬。种植时可用多菌灵或苯来特500倍液浸泡鳞茎15～30分钟。感病的鳞茎生成的植株生长不良，基部叶片变黄易死亡。

2. 虫　害

（1）蚜虫　主要为害幼嫩的枝叶及花蕾，使叶片卷缩，用40%氧化乐果1000倍液喷洒灭除蚜虫。

(2)红蜘蛛 常成群聚集于鳞茎,使鳞片腐烂、叶片枯黄。在潮湿的土壤其为害更重。可用三氮杀螨醇 1 500 倍液浸泡种球后再种植,或将种球种前置于 40℃温箱中或温水中浸 24 小时。

三十三、大丽花 *Dahlia pinnata*

菊科大丽花属植物。原产于美洲墨西哥、哥伦比亚等国山地。由数种野生大丽花杂交选育而成。在世界上有广泛种植。

【形态特征】 为多年生草本植物。地下具纺锤形、球形等肉质块根。茎直立,高度随品种而异。一般高度在 2.5 米以下。盆栽株高多在 50 厘米左右。茎绿色或紫褐色,绿色者常开黄色或白色花,紫褐色者常开紫红色等深色花。叶对生,1～3 回羽状复叶,小叶卵形,叶缘有粗锯齿。头状花序生于枝顶,花径 5～30 厘米不等。周边为舌状花,一至数层,单性花。花色多种,有紫色、红色、粉红色、黄色、白色等多种花色;中间为管状花,多为黄色,两性花,可结种子。蒴果长椭圆形,花期在夏、秋季,花可开至天冷。本属原种约有 27 种,大丽花主要由 8 个原种杂交选育而成。现栽培的园艺品种,亲本极其复杂,为异源 8 倍体。目前的园艺品种有 1 万种以上。品种分类,国内外尚无统一标准。有按株高(高、中、矮),花期(早花品种,5 月末至 6 月初开花,中花品种 6 月中旬开花,晚花品种 7 月上旬开花)分类的,也有按花的大小、花色或花型等分类的,其中按花型分类的居多,有单瓣型、牡丹型、绣球型等 16 型。

【生长习性】 原产于海拔为 1 500 米的热带高原山区,因此适宜于夏季凉爽、光照充足地区生长,既不耐寒,又忌酷暑。适宜生长的温度为 15℃～30℃,要求通风良好的环境及疏松、肥沃、排水良好的沙质壤土。

【繁殖方法】 块根繁殖或扦插繁殖。种子繁殖多用于小花品种繁殖或育种。

块根繁殖时,春天取出贮存的块根或在市场上买的块根种植。

需注意的是，芽仅存于块根的根冠部，在薯状的块根上是无芽的，虽然块根肥大，如果没有较细根冠处的芽是不能发芽的。根冠处有小芽点，可依生长势用刀将块根切离，每个块根上必须有一个芽才可种植。如分不清根冠处的芽点，可将块根埋入土中，待发芽后再分割块根，晾干伤口处再种，块根肥大，种植的植株才能生长健壮，并保持原品种性状。

扦插繁殖时，常用块根长出的苗，苗高近10厘米时，从基部2片叶上切取，插于净沙或蛭石中保湿，在20℃左右的条件下，经15～20天可长根；在25℃下约10天可长根。用块根催芽扦插，应控制种植块根的土壤或沙土的湿度，水不能多，这样才能使苗生长粗壮。第一次长芽后，留下的茎基不久又可长出新芽，依此法可切取几批芽用于扦插。此外，枝条上生出的腋芽也可用作扦插材料。只要温度适宜，四季都可扦插。由于夏季天热，扦插苗易烂，故一般不在夏季扦插。

种子繁殖多用于小花优良品种繁殖，供花坛用，多于春暖播种。播种至开花约需3个月。小量用花，用盆播即可；大量用花，需畦播。整平培养土，播种后覆土盖膜保湿，出苗后即应揭膜或揭开覆盖的玻璃适当通风炼苗，可使幼苗健壮，并可防止疾病发生。苗高3～5厘米时，即可分苗。每盆种植数株，幼苗露出土面时，置阴凉处，逐渐见光；苗高10厘米时，可再分植1次，每盆栽一株，为以后换大盆种植或地栽创造条件。

【栽培管理】 地栽比较简单，选常有光照处翻地施足基肥，或直接种植块根，或用盆栽幼苗。干旱时浇水，依生长势开花前施2～3次追肥。由于地栽根系大，一般除修剪及病虫害防治外，无须特殊管理。盆栽，应选疏松肥沃的砂壤土，选用早中花期、矮茎品种，这样开花早，株高也便于控制。培育一株一花的独本大丽花应选用花大、茎粗的品种。为防止旺长，控制株高，通常要控制浇水，必要时可喷矮壮素控制株高。施肥，可根据植株长势追肥，缺肥时追肥，无须定期追肥。通常从种植至开花可追肥2～4次，开花后应停止追肥。追肥可用稀饼肥水或0.4%复合化肥液，后期应多追施一些磷、钾肥，对开花及块根的生长有益。

栽培独本大丽花，一是注意控水，防止徒长；二是随时抹去侧芽，只保留主枝；对希望多开花的植株，则应在株高10厘米时或更高些抹头促发侧枝，抹头时间及保留侧枝数依个人爱好而定，一般一株有3～4个分枝即可。若需用矮壮素控制株高，可用50%矮壮素200～300倍液喷叶，可使株高降低30厘米左右，花朵并不减小。为保花大，应在花蕾1厘米大时，剥去部分花蕾或剪掉一些花蕾枝，可使花朵硕大而且分布均匀。如条件适宜，大丽花一年四季均可开花。一般情况下夏、秋开花，如需在"五·一"用花，可选早中花期品种于1月份催芽，2月份上盆，冬天补充光照，每天用40瓦日光灯在日出前和日落后各补光4小时，通过一般管理可在"五·一"开花。若想元旦、春节用花，可选早中花期品种，于秋天扦插，经过一个冬天的管理，一般春节也能开花。这里说的早花品种指扦插苗种植后110～120天可见花，中花品种指120～140天可见花，晚于140天见花的为晚花品种。

大丽花为异花传粉植物，靠昆虫传粉。现在蜂、蝶甚少，应人工授粉结籽。舌状花为单性花，不能结籽。花中心部位的管状花为两性花可传粉结籽。可在花开时，选晴天上午用毛笔收集花粉，传至另一朵花的管状花上，连续授粉二次；去掉舌状花，套上隔离袋，待种子成熟变褐时收获，将种子晾干贮藏备用。异花传粉，后代变异，但实生苗(种子长成的苗)根系发育好，花多，适宜花坛种植，也可作盆花。

植株花期结束后，冷天到来，地下结出新的块根。在天冷前可剪去地上部，保留10厘米的植株基部茎，从土中挖出，晾干表皮，置0℃以上、5℃以下的地方作沙埋贮藏，也可将花盆置于上述环境。北方居民的楼道中，冬季温度一般都不低于0℃，但也不会超过10℃，可将花盆置于楼道角落处。

【病虫害防治】

1. 病 害

(1)根腐病 又称根头癌肿病，发生于茎基，有的也发生在根系上，形成肿瘤，引起腐烂。该病症状表现生长缓慢，叶小，逐渐枯死。如排水不良，土壤湿度大，病原菌常通过块根进入土壤，由土壤传染。发现病重的植株应清除掉，并消毒土壤。发病初可切除病瘤部，用甲醇、冰醋酸、碘片按 4∶2∶1 配成混合液涂切口处。

(2)细菌性徒长病 由病菌引起，症状为根颈处长出许多稠密的刷状芽，芽长成细长徒长枝，长为正常芽的 10～20 倍。发现此病应销毁病株，土地隔 3 年后才能再种。

(3)白粉病 由粉孢菌引起。先侵染幼嫩叶及花蕾，继而危害全株。其症状为先于叶背出现黄斑点，继而形成白斑。不通风的温室最易感染，应加强通风，并用灭菌药(如代森锰锌、多菌灵、甲基托布津等)喷布。有时还有叶斑病(褐色斑点)发生，可用多菌灵等喷布。

2. 虫 害

(1)红蜘蛛 为红色小虫，常于夏季闷热天气发生，多见于在老叶上吸食汁液，引起叶片干枯。可用三氯杀螨醇喷杀。

(2)蚜虫 为害大丽花的蚜虫，多为黄绿色幼虫，随后变为褐色成虫，吸食幼叶汁液，可用氧化乐果液喷杀。

(3)食心虫 又名钻心虫。幼虫似小蚕，黄白色，体长 2～3 厘米，食叶肉，并钻入茎内靠食茎生长，引起嫩茎凋萎，茎折倒伏。成虫为蛾，可飞。常见于夏、秋季，可用敌敌畏 1 000 倍液喷杀。

三十四、仙客来 *Cyclamen persicum*

报春花科仙客来属植物。又名兔耳花，萝卜海棠。原产于地中海一带，现世界有广泛种植。仙客来是属名拉丁文的音译。

【形态特征】 为多年生球根花卉。地下具扁圆形的褐色球茎。叶丛生于球茎顶部。叶片心形，叶面绿色，具银白色斑纹；叶背紫红色。叶柄长，肉质。花葶肉质，端生一花，常高出叶面。花开时与叶片瓣向上反卷，呈兔耳状。花色多种，常见的有红色、粉红色、紫红色、白色及多种复色，但尚未见到黄色品种；花瓣边缘有的还有波皱，齿状。蒴果球形，内含种子 10 余粒。花期为冬、春季，开花近半年。园艺品种很多，有大型植株，也有小型植株。小型植株花、叶约为大型植株的 1/3，可用盆径为 6 厘米的小盆种植，可托于手掌之中。大型株通常需盆径 12 厘米以上的花盆种植。

【生长习性】 喜凉爽、光照、湿润气候，但也能耐北方冬季室内干燥气候。最适生长温度为 15℃～20℃，空气相对湿度为 70%左右。温度低于 10℃生长不良，高于 30℃则进入休眠，叶片枯黄、死亡；35℃以上则易引起球茎腐烂。要求疏松、肥沃、微酸性土壤。

【繁殖方法】 多作播种繁殖，也可用球根繁殖。每克种子约 85 粒。播种基质可用 2/3 的泥炭土加 1/3 的蛭石及珍珠岩或泥炭土、粗沙等量混合。播种时间依品种而定，大型植株品种从播种至开花约需 1 年时间，应秋播。小型植株品种 8～9 个月可开花，可于冬、春季播种。播种用的基质最好用前先消毒，以减少病害发生。播前种子用 30℃温水浸泡 12～24 小时，可提早发芽。发芽适温为 20℃左右。播后用塑料薄膜或玻璃覆盖，约 20 天后出苗，育苗需 40 天左右。表土干时可浸盆洇水或用水喷湿。出苗后应移至有光照的通风处，去掉覆盖物炼苗。球根繁殖多用于家庭保留喜爱的优良品种。秋天，球茎解除休眠后，逐渐浇水，以促使发芽。将发芽球茎纵切数块，每块应具有 1 个芽，晾干切口，也可涂上草木灰或硫黄粉后晾干再种植。初种时可少浇水，盆土微潮即可。长芽后，进入正常管理。秋天种植的切割块茎，冬天即可开花。

【栽培管理】 盆栽土壤可用播种用土，以疏松、肥沃为原则，也可用腐叶土 2 份加园田土 1 份或市售袋装土，可混入适量的腐熟饼肥粉（以不超过盆土量的 5%为原则）。2 月份左右，小苗 3 片叶时可移入口径为10厘米的小盆,应带土移植,心叶露出土面。春天是小苗生长旺盛期,应加强肥水管理,促使幼苗健壮,以利于度夏。幼苗比开花植株抗热性能强。幼苗6～7叶时,可移入更大的盆中(移植应避开夏季)。此次移植,应注意将球茎露出土面1/3～1/2,这样有利于幼苗健壮生长。如球茎全埋于土中,虽易长球,但叶片细弱。生长期10天左右可浇施1次氮、磷钾等量的0.3%复合化肥或稀释10倍以上的腐熟饼肥水。施饼肥水应避免接触叶片,如接触叶片,应用清水冲掉。夏季高温,极不利于仙客来苗的生长,为安全度夏,应把幼苗移置于通风凉爽处,如移至棚室北侧,应搭塑料棚或荫棚避雨和避强光照。棚室地面设低架子,将盆放在架上,接受地面的潮气和低温,还应在架子附近常喷水,以利于降温增湿。夏天植株处于半休眠期,应停止施肥并控制浇水,盆土要保持稍湿润,水过大极易引起植株死亡。夏季是保苗季节,只求苗能安全度夏,而不求生长得好。入夏后,天气渐热,温度超过30℃时,植株逐渐进入休眠,叶片变黄并逐渐枯萎,此时应停止浇水,促使休眠。叶子全枯黄后,应剪除叶片,将花盆置放于低温通风避雨处,并将花盆侧放,盆土干时可稍浇少量水,使盆土保持微潮,防止球根干缩;如水大球根极易腐烂,应细心养护。入秋后,天逐渐转凉,植株迎来一个新的生长季节,可增大浇水量并施薄肥,每10～15天施肥1次。天冷后放入室内光照充足处。如室温低于15℃,可不施肥,只在盆土干时少量浇水;如室温达15℃以上,可正常浇水施肥,每月施肥2～3次。花蕾约于10月开始出现,并于11月开始开花。花开后可停止施肥,或每月浇施1次0.3%磷酸二氢钾溶液,促使花蕾多形成和球茎生长。秋天,球根解除休眠,如需要繁殖,行切割繁殖。如不想增加株数,可挖出老球,除去老根,重新换肥沃的盆土种植,种植时球茎应露出土面1/2。仙客来花期,室温应保持15℃以上,并要求有充足的光照,植株才能花多叶茂,如夜间室温低于5℃,花葶常不能正常生长而低于叶片,花开在叶丛中,影响观赏。

仙客来可自花授粉结果,若想留种,应选开花盛期结籽的花朵留种，从结籽至种子成熟约需2.5个月。为使种子饱满，通常1个植株结果数以不多于10个为宜。蒴果由绿变黄时即可采收。留种植株会影响开花观赏，且自留的种子不如购买的杂种一代种子质量好。一般最好不要留种。

【病虫害防治】

1. 病　害

(1)软腐病　多在高温季节由杆菌引起，受害叶片及叶柄出现水渍状软化，继而导致球茎腐烂。发现染病时应及早喷等量式波尔多液，并摘除病叶销毁，控制浇水，也可用多菌灵400倍液喷布。

(2)炭疽病　由病菌引起。叶片或叶柄出现圆形凹陷病斑，可用50％多菌灵500倍液防治。

2. 虫害　对于蚜虫，可用40％氧化乐果1 000倍液喷布。红蜘蛛多见于叶背，可用三氯杀螨醇1 000倍液喷杀。

三十五、大岩桐　*Sinningia speciosa*

苦苣苔科苦苣苔属植物。原产于巴西，现世界各地多有种植。

【形态特征】　多年生草本球根花卉。株高20厘米左右。地下具球状块茎，地上茎短，通常为5厘米左右。叶多对生，偶有3叶轮生。叶长椭圆形，稍肉质，叶面有茸毛。花顶生或腋生，花径为7厘米左右，单瓣或重瓣，有丝绒感，大而艳丽。花色多种，有紫色、墨红色、粉红色、白色及多种复色。如果栽培环境条件适宜，可全年开花。但一般家庭种植主要在春、夏及早秋开花。

【生长习性】　喜温暖、湿润、半阴环境。生长适温为20℃～25℃，忌阳光直照、干燥及高温，要求疏松、肥沃、富含有机质的微酸性土壤。

【繁殖方法】　播种、扦插或用球根繁殖。家庭种植一般用球根或扦插繁殖，尤其适用于难结籽的重瓣花。播种多于秋天或春天进行，温室也可冬天播种。种子极小，每克种子约有2万多粒。

种子小如粉状，因此播种用土需极为精细，可用一般的培养土，去除大粒土，平整土面，将盆下部浸于水中，待土浸湿后，将种子混细沙撒于盆面。大岩桐属喜光性种子，弱光照射有利于发芽，因此播种后不必覆土，但盆面应用玻璃或透光塑料薄膜覆盖，以利于土壤保湿。在 20℃～30℃下，约半个月发芽。球茎于春天解除休眠后可种植，球上部可萌发几个芽，可保留 1 个健壮芽，摘除其余侧芽，扦插于湿沙中保湿，在 25℃下约半个月可生根。也可将发芽的球纵切成几块，每块有一芽，晾干伤口后另栽。待苗长大后，也可摘掉带叶柄的完整叶片，剪去叶片一半插入湿沙中置于阴湿地方，常向叶面喷水。在 25℃下，经 20 天左右，叶柄基部可长小球，生根发芽形成新株。

【栽培管理】 盆土要求疏松、肥沃和透水。可用腐叶土或草炭土 3/4 加 1/4 的粗沙及少量的腐熟饼肥粉配制。当幼苗具 2 片真叶时，可进行第一次分苗，5～6 叶期可移植于口径为 10 厘米的小盆，以后随苗长大可更换于更大的盆中。种植球茎，应以球顶芽与土面平齐为准，种得过深易烂或生长不良。所用花盆底部泄水孔应垫瓦片，瓦片上放一些小粒瓦片或陶粒，而后填入培养土，这样有利于排水。栽好球茎后，少量浇水，土壤微湿即可，不可大水浇透，以防止烂球，而有利于发芽、壮芽。幼苗恢复生长后，早期由于幼苗需肥量不大，且盆土营养充足，可只浇水而不追肥。待苗较大时(约 5 叶左右)，可每 10～15 天浇 1 次稀释 10～20 倍的稀饼肥水。春天出室的植株应置放于房间南侧日光不能直照的地方，每天喷水数次，保持叶面洁净和潮湿。第一朵花的花蕾出现时，此时苗并不大，应除去花蕾，促使植株生长。一般从播种至开花约需半年。通常秋播苗翌年春季可开花，早春播苗夏、秋可开花。用球茎繁殖的开花更早。生长过程中，肥水应从叶下方浇入盆土，如若肥水触及叶片，应及时喷水洗除，以防止烂叶或引发叶片生病。

开花后，对营养的需求量加大，应增加施肥量与施肥次数，可每 10 天施稀薄有机液肥并同时增加磷、钾肥(如磷酸二氢钾)以利于开花与球茎的生长。

大岩桐为半阴性植物，喜早晚较弱的光照，而不能耐受中午前后的强光照，中午应适当遮荫，避免强光照。大岩桐根系细弱，盆土应疏松并保持湿润，以利于根系生长。

花开后期，天逐渐转凉，可停止施肥，减少浇水，使植株逐渐进入休眠。当叶片全枯黄时，应完全停止浇水，仅在盆土十分干时稍浇少量水，以免球茎干缩。也可将休眠的球茎从盆中取出，埋于微潮的沙中。冬天置于10℃左右的环境中，以备翌年春天种植。

大岩桐为异花传粉植物，如需获得种子，应异花传粉，选取不同优良品种授粉，或许可从后代获得新的品种。

【病虫害防治】 病害较少，偶见软腐病，导致叶柄腐烂，重者全株死亡。早期发现该病可喷50%多菌灵溶液，该病如到晚期只能拔除植株销毁。叶部常遇尺蠖吃食叶片，但如置放阳台或室内，一般极少见到，常见于花盆置放土地上时遇害，可人工捕捉消灭，多者可喷40%氧化乐果1 000倍液消灭。

三十六、花毛莨 *Ranunculus asiaticus*

毛茛科毛茛属植物，原产于土耳其、叙利亚、伊朗至欧洲东南部一带。现我国各地多有种植。又名芹菜花。

【形态特征】 多年生球根花卉。地下具小型块根数个，每个长2厘米，粗近0.5厘米。株高通常在20～40厘米，切花品种可达70厘米。基生叶阔卵形，3浅裂或深裂，具长叶柄，春季抽生直立地上茎，茎生叶无叶柄，2～3回羽状深裂，叶缘有齿状裂。每一花茎具花1～4朵。通常为保持花大而美仅保留1朵，花径5～10厘米不等，单瓣或高度重瓣，花色多种，花期为春季。每克种子约有1 300粒。

【生长习性】 喜凉爽、湿润、光照充足的环境。生长适温为10℃～15℃，超过20℃生长缓慢。高于30℃逐渐枯萎。

【繁殖方法】 种子繁殖或块根繁殖。秋播发芽适温为10℃～15℃，约15天发芽。如气温高于20℃，不利于发芽。通常于9～10月份播种。为使植株于春节前后开花，也可于8月份进行人工低温催芽。种子浸泡24小时后，用纱布包好保湿。置7℃～10℃冰箱中，约20天发芽，发芽后在15℃左右的环境中播种。块根繁殖，将夏天收获的块根秋天种植时，先用凉水浸泡4小时后，放在凉爽处晾干块根外皮再种植。如想早开花，也可置于5℃冰箱中，用湿纱布包好催芽，待中心芽萌动后种植。

【栽培管理】 用疏松、肥沃砂壤土做盆土种植。如用1/2的腐叶土或草炭土加1/2的园田土加粗沙加约5%的腐熟饼肥粉或鸡粪，当白天温度不高于20℃时即可种植。在种苗3叶期可分苗1次。块根种植，种前应将整株的块根分割，每丛不少于3个块根及1～2个幼芽。幼芽位于老茎基部，块根上部，应予注意。块根繁殖，由于块根可供给幼芽营养，其生长要比用种苗繁殖的快得多，所以可直接单种于一个小盆中，待苗较大时，再换入大盆。幼苗早期需肥量不大，而且盆土有充足的营养，可只浇水不施追肥。6～7叶期，幼苗已大，可半个月追施1次稀有机液肥(如饼肥水20倍或0.3%氮、磷、钾等量溶液)。抽花茎前盆土常保持湿润，常晒太阳，以有利于苗的生长及根系发育。冬前主要是既要保证植株的营养生长，又要防止旺长。花茎伸长后，植株进入旺盛生长阶段，植株个体也大，需肥水也有增加，为促使植株健壮生长，应补充较多的水肥及充足的光照，可每半个月追肥1次，并补充一些磷、钾肥，如浇施0.2%磷酸二氢钾溶液。进入花期，应减施氮肥，增施磷、钾肥，以利于开花和块根的生长。花蕾形成时也是块根发育时间，此时应保证水肥的充分供应。为了使花朵长得大些，最好一个花茎开一朵花，但主花茎上可保留3个花蕾，以延长花期，增加花的数量。茎端下部的花明显小于茎端的主花。一般每株保留4～5个花蕾即可；每朵花单花期为半个月左右，整株开花时间近2个月。如要留种，应选早开花的花朵进行人工授粉，经2个月种子可成熟，种子（即蒴果）密集于花托上，形成一头状体。

我国绝大部分地区 6 月份即进入夏季，天气逐渐炎热，花毛茛植株因高温进入休眠，植株枯死，地下块根也已形成。可原盆保留块根，也可挖出晾干后置室内贮存，备秋天种植。

花毛茛花色多种，花色美丽，越来越受到人们的喜爱，已成为家庭重要的春天盆花及公园的春季花坛用花。

【病虫害防治】 花毛茛病虫害较少，常因浇水过多、通风不良而发生白绢病及灰霉病；虫害主要是蚜虫及潜叶蝇。

1. 病　害

(1)白绢病　常发生于茎基部，为白色丝状。该病初发生时，用 5%井冈霉素 1 000 倍液喷病斑部。如病部已开始腐烂，应拔出植株烧毁。

(2)灰霉病　常见于花梗及叶柄，也见于叶片及幼嫩部位，产生暗绿色水渍状病斑，可用 70%甲基托布津 1 000 倍液或 50%多菌灵 800 倍液涂抹病斑处或整株喷布。需注意的是，发生过上述两种病害的盆土不能再用或经消毒（可用微波炉消毒）后才能用。

2. 虫　害

(1)蚜虫　可用氧化乐果 1 000 倍液及其他灭蚜药喷杀。

(2)潜叶蝇　虫体极小，常潜入叶内取食叶肉，致使叶片呈现不规则的弯曲虫道，可埋施 15%铁灭克，20 厘米盆径埋 1～1.5 克，也可浇或喷 40%氧化乐果 1 000 倍液。

三十七、球根秋海棠 *Begonia tuberhybrida*

秋海棠科秋海棠属植物。由原产于美洲安第斯山凉爽地区的几种秋海棠杂交而成。又名茶花秋海棠。

【形态特征】 为多年生草本球根花卉。地下生有棕褐色球形块根，地上茎多直立，也有垂枝形茎。株高多在 50 厘米以下，盆栽株高多在 30 厘米左右。茎多汁，脆而易折。叶片长斜形，基部宽大歪斜，先端渐尖。花序腋生，一个花序着花3朵，中间一朵花大而重瓣，为雄花。两侧各有一朵带3翅子房的雌花，花小单瓣，花美且花色多，有紫红色、红色、橘红色、黄色、白色等。果实结种子多，种子极细小。通常分三类：大花类花径大于10厘米，每株分枝少，开花也少，但花大；多花类易分枝开花，花多，但花较小，花径多在3～7厘米；垂枝类枝条下垂，常作吊篮植物，在我国较少见。

【生长习性】 喜温暖、湿润、半阴的环境。生长适温为20℃～25℃，超过30℃休眠。生长环境湿度以70%左右为宜，低于40%易引起叶片边缘干焦。要求土壤疏松、肥沃。

【繁殖方法】 播种或用球根繁殖，也可扦插。繁殖时间依需要花开时间而定。球根秋海棠喜凉爽，忌高温，因此在夏天不太热的东北地区与西南地区可于冬天或早春播种或分球种植，夏、秋季开花。我国广大地区夏季炎热，球根秋海棠很难适应，可在早秋播种，翌年春天开花供观赏。该花种子极其细小、似粉尘，1克种子有6万～7万粒，因此播种的土壤须颗粒细而平整、疏松。播前消毒盆土，装盆后先置水盆中洇水湿透，种子可混沙撒播。种子发芽喜光，故无须覆土，上覆玻璃或塑料薄膜。在20℃～25℃下约10天可出苗。出苗后逐渐去掉覆盖物见光、炼苗。幼苗期可喷施稀复合化肥(0.2%)，2片真叶时可分苗。

块根繁殖，可将块根埋入沙中催芽，20天左右新芽萌发后可纵切，每块必须有1～2个芽，伤口抹草木灰或硫黄粉晾干种植，以防止腐烂；伤口也可不抹草木灰或硫黄粉，多晾一些时间再种植。扦插，采用的不多，但也是一种繁殖方式。枝插，是将一段有3～4叶的枝，去掉下部叶片，保留2片较小叶片，插入湿沙或蛭石中，覆盖保湿。叶插，可用带叶柄的叶片，剪去叶边，将叶柄插入沙中；甚至可将叶片四周剪去，切断粗叶脉，将叶片平放于湿沙上，上压几个小石块或少许湿沙，使叶片充分和下部的湿沙接触，在20℃左右的条件下，经20余天也能生根发芽。但这些方法成苗慢，故一般很少采用，繁殖时多以播种和球根繁殖为主。

【栽培管理】 球根秋海棠根系纤细，盆栽土壤要求疏松肥沃。常用泥炭土或腐叶土混少量沙及5%的腐熟有机肥，如饼肥粉或鸡粪等。幼苗较大后，可浇灌稍浓的复合化肥液(0.3%)，每10天浇1次，也可在盆边埋施一些饼肥粉或化学颗粒肥。当苗高10厘米时，冬季除了维持适宜的温度、湿度外，应予以补光，每天可补光(40瓦日光灯)4小时，因为球根秋海棠是长日照植物，补光可促进花芽分化，早开花。若分枝少，可打尖，以促进侧枝生长。从播种至开花需6～8个月，这和品种及栽培条件有关。用球根繁殖，通常3～4个月可开花。冬、春开花，单花期通常可达半个月，整个观花时间可达3～4个月。天热后，气温超过30℃，植株进入休眠期，叶枯萎后可挖出球根保存于阴凉处的沙土中。如植株在夏凉地区种植，可于秋末植株枯萎后挖出球根埋入沙中在5℃～10℃条件下保存。可随时根据需要取出种植。夏天光照时间多在12小时以上，可充分满足花芽分化时光照时间的需求，因此不需补光。夏天应遮光2/3，春、秋季可遮光1/3。

【病虫害防治】

1. 病害 由于植株要求湿度高，如果通风不够，容易感染病害，可每隔半个月喷1次杀菌剂，以预防染病。

(1)白粉病 由真菌引起，病初起有白色斑点，后期全株各处均有白粉状病斑，导致叶片停止生长而脱落。因此，在植株染病期就应喷洒杀菌剂，如喷洒甲基托布津、多菌灵、甲基硫菌灵等灭菌。

(2)叶斑病 叶片有褐色或黑色病斑出现，病斑相连呈干枯状。早期应喷百菌清或多菌灵等药液，每10天喷1次，连喷2～3次。

(3)茎腐病 茎叶出现水渍状暗色斑点，扩大后呈棕褐色软腐，病部出现白色丝状物，干枯后出现棕褐色粒状菌核。在潮湿天气易发生此病。可用多菌灵药液，每10天喷1次，连续数次。

2. 虫害 由于栽培环境湿度较大，易引起蜗牛啃食叶片，使茎叶出现难看的孔洞缺损，可人工捕捉或在盆面撒茶籽饼粉或烟灰，地面撒石灰粉。有时也有卷叶蛾幼虫啃食叶片，可人工捕捉或喷洒氧化乐果溶液，较易杀死该虫。

球根秋海棠是很美丽的花，但很娇嫩，能否控温控湿是养好球根秋海棠的重要条件，如温度低于10℃，难以生长；高于30℃，则会休眠。家庭种植，可将盆花置于北阳台仅早晚可见光的地方或房屋北侧地面，常喷水增湿降温。

三十八、丽格秋海棠 *Begonia elatior*

秋海棠科秋海棠属植物，为杂交种，由球根秋海棠与阿拉拍秋海棠杂交而成。后者产于阿拉伯海南部的索科特立岛，冬天开花。

【形态特征】 为多年生草本植物。盆栽株高多在20～35厘米，冠幅15厘米。茎直立，多肉质，易折断，花也极易碰落。单叶互生，斜心形，叶缘有粗锯齿。花序腋生或枝顶生，不分枝或二叉分枝，每枝花序通常具花4朵或8朵，通常由雄花组成，此为雄株；雄蕊瓣化，重瓣。少数品系具雄花与雌花，为两性品系植株。雌花具3翅子房，花期在冬、春季，单朵花可开放半个月。其花型花色极为丰富，且极美，又开花于冬、春季，因此引入我国后很受欢迎。

【生长习性】 喜温暖，不耐寒，也不耐热；喜湿润、半阴环境，适宜温度为16℃～25℃。超过30℃或低于10℃，生长不良或停止生长。环境湿度以70%为宜。畏强光。要求疏松、肥沃、排水良好的土壤。

【繁殖方法】 以扦插为主，也可用种子繁殖。只要温度适宜，任何季节都可进行扦插。家庭种植以秋天扦插为好，在20℃左右时，选健壮枝条，不少于3个叶片的茎段，如果枝条更大些，形成新株也更快。从叶节下0.5厘米处斜切，保留上部两片小叶，扦插基质可用消毒过的粗沙、泥炭土或蛭石，浇水后，用筷子捅洞，将插条插入，因茎脆嫩，应避免直接用茎插，以免损伤切口。外用塑料薄膜覆盖、保湿，15～20天可生根。也可将完整的叶片剪去叶片周边，将叶柄插入，经20天即可生根，再经月余可从叶柄基部长出小芽。也可将上述枝条基部泡入水中，3天左右换水1次，经10余天也可生根。根长到1～2厘米时，可移植盆中。初上盆的小苗，可置散射光处，并施0.1%复合化肥；常向叶面喷水，待转入正常生长后，可置于室内光照处，并逐渐增加施肥浓度，但复合化肥最高浓度不宜超过0.3%，每10天浇1次，前期施以氮肥为主的复合化肥，快要现蕾时，可施含磷、钾较多的复合化肥。苗达5～10厘米高时可打尖，以促发侧枝，增加花序形成数量。

播种繁殖，应到种子公司购买包衣种子，这种种子易播种，出芽也好。家庭种植用种量不大，不要买散装种子，因散装种子极小，1克种子有6万～7万粒，种子小若灰尘，发芽常得不到保证。自己种植的植株留种子较难，大公司的种子多为杂交种子，花色、花形均有说明，将来幼苗长势也好。盆播用土应用消毒过的泥炭土碎粒与蛭石等量混配，也可用碎腐叶土加沙子，用前须消毒（可用微波炉消毒）。将上述基质放入浅盆中，经湿透、平整后播种，盆上盖玻璃或塑料薄膜，置有散射光处。在20℃～25℃条件下，经10余天可出苗。由于该花种子极小，所以小苗也极小，生长也极慢，每天可揭膜通气几小时炼苗，但应保证湿度和温度。盆土稍干时应喷水而不浇水，以免冲散小苗。可春天播种，也可早秋播种，如栽培条件良好，约半年可见花。在小苗生长过程中，需经过分苗、小盆种植、大盆种植3个阶段，其管理和扦插苗一样。在幼苗成长过程中，控制温度与湿度都是重要的条件，看苗施肥也很重要。

【栽培管理】 由于丽格秋海棠根纤细，所以其盆土必须疏松、透气，既保水又排水良好，常用泥炭土、腐叶土各3份，粗沙1～2份，腐熟有机肥1份混合配制。在其生长过程中，可施用复合化肥，也可施用稀饼肥水，但浓度均不能过大，复合化肥以不超过0.3%为宜，稀饼肥水可用沤制的饼肥水稀释20倍使用。小苗期施肥浓度应更稀，随着苗的长大提高追肥浓度。花蕾将出现时可增施磷、钾肥，以促进开花。平时盆土保持湿润，不可过湿，也不能干透。如盆土过干，易伤根而导致茎叶萎蔫；盆土过湿，可使根系腐烂。夏季高温，应通风降温、遮光，尽量使环境温度降至30℃以下，置于散射光下即可。夏季植株处于半休眠的停长状态，应停止追肥，盆土保持微潮即可。秋天天气转凉，9～10月份是丽格海棠生长旺季，可正常浇水每10天左右施肥1次。冬天应将植株置室内光照处，室温在20℃以上可维持其正常生长开花。如温度低于15℃，植株便停止生长，此时要停止追肥，控制浇水。冬季室内干燥，可将盆花置于较大的浅水盆中，盆中放稍大的石块，使盆土既不能接触盆中的水，又可借水分的蒸发而改善小环境的湿度。

【病虫害防治】 该花家庭种植量较少，而且盆花和外界隔离，故病虫害相对较少。其亲缘关系和球根秋海棠很近，所以遇到的病虫也相似，可参照球根秋海棠病虫害的防治。但家庭种植常和其他盆花相混摆放，常遇到红蜘蛛及粉虱的为害。红蜘蛛常在叶背吸食汁液，可用三氯杀螨醇稀释液喷杀。粉虱幼虫亦在叶背吸食汁液，成虫一遇惊动就飞，但成虫对黄色有偏好，可用涂机油或其他黏性物的黄色塑料板诱粘成虫，用氧化乐果和溴氰菊酯等药液喷杀幼虫。

三十九、荷　花　*Nelumbo nucifera*

睡莲科莲属植物。原产于我国和印度等亚洲热带国家及大洋洲诸多国家。该属在我国种植年代久远，分布地区广泛，因而别名很多，最普遍的又称莲花。

【形态特征】 多年生宿根水生草本植物。其叶和花挺出水面，叶柄长可达1米左右，端生一盾状圆叶，叶面大，叶面具蜡质，故常见叶面有水珠滚动；叶背淡绿色。花生于高大的花梗顶端，一枝一花，花大小不一，大者花径可达20厘米以上。花单瓣、复瓣或高度重瓣。重瓣者，古人谓之“千叶”。花色多种，以红色、粉红色、白色居多，黄色较少。水下泥中生有横生根状茎，肥大圆柱状，分节，称为“藕”，其节部生有须根。由于荷花各器官，包括地下根状茎、叶柄、花梗都具有发达的通气孔道，所以能在水中生活，荷花夏季开花，花后花托形成“莲蓬”，内有蜂窝状多个小孔，每孔内具一枚莲子。荷花按用途分藕莲（食用藕），子莲（以食用种子为主）与观赏莲（又名“花莲”），其中观赏莲以花美而著称，主要用于观赏，品种最多。碗莲是荷花中的一个小型品种，其花径小于 12 厘米，花梗高不超过 30 厘米，叶又小，常种于小花盆中，故称“碗莲”。

【生长习性】 喜热和充足的光照。生长适温为 20℃～30℃，在更高的温度下也可生长良好。在 15℃时停止生长，0℃时易受冻。如光照不足，荷花生长不好。只有在充足的光照下，荷花才能生长良好。它对土壤要求不严，但以富含有机质的肥沃土壤为宜。

【繁殖方法】 一般以分藕繁殖，种子繁殖多用于育种。气温超过 15℃时，藕的顶芽开始生长，18℃以上生长迅速，此时可选择顶芽健壮的种藕种植。顶芽能分化出芽，叶、根是关键部位，藕的粗细大小则较次之。无顶芽或顶芽发黑发干的藕不能应用。种子坚硬不易发芽，种前需用钳子于种脐一端即莲子的凹陷处破口少许，露出一点种皮，而后置 20℃～25℃水中，每天换水 1 次，经 4～5 天可发芽，长出 3 片叶时可上盆种植。用无泄水孔的小盆装入碎泥塘土，将莲苗种于盆中，生长点微露土面，将根系舒展开，土表覆一层粗沙，压住表土，这样水易保持洁净，苗也不易漂出。将小盆置于大水盆中，水深以叶能浮于水面为准，置有光照处，待长出 2～3 片立叶（即挺出水面的叶）时即可移于大盆中种植。小型品种可用 20～25 厘米口径的小花盆，大型品种用口径在 50 厘米以内也可。碗莲可用盆径为 20 厘米以内的花盆或大碗。移栽前盆内最好装塘泥，盆底施基肥，使土呈糊状，盆中常有水。如细心管理，当年可有一半的实生苗（即播种苗）开花。碗莲实生苗当年多可开花。

【盆栽荷花的管理】 荷花分水池种植及盆栽两类。家庭种植多用盆栽。如有小型水池，也可在苗大时将盆栽株置于水中。盆栽用土最好用湖中的塘泥晒干粉碎加入腐熟有机肥，如鸡粪、饼肥或猪粪、牛粪，其量约为盆土的10%。盆底可先放些蹄、角供缓慢发酵以释放氮肥，大盆可装500克，小盆装50克，然后把土装入盆中，达盆深的2/3。如无塘泥，也可用院中种过花的壤土加1/4的河沙。装土后倒水，让泥土充分泡透。种植用的种藕应有2～3节，种时延盆周种植，一只手保护顶芽，另一只手拿藕身，藕头朝下呈20°～30°角慢慢插入泥中，入泥深10～15厘米，尾节露出泥面。小藕可插入泥中5厘米左右。若一盆栽入2～3支藕，应首尾相接。种好的盆藕应置于光照处，并提高水温促早发芽，也有利于以后的生长。盆中保持浅水，水要清，以利于透光而提高盆泥温度。长出浮叶后，逐渐加水，保证叶浮于水面，立叶长出后可灌满盆水。荷花早期生长盆中有足够的肥料，无须追肥，花期可补追速效磷、钾肥，每10天施1次肥以促进开花、果实形成及种藕的形成。追肥可用韧性纸，将磷、钾肥包成若干小包，每包5克。小盆埋入塘泥1小包，大盆埋入2小包。可埋入盆中心60厘米深处。荷花的整个生长期，一定要注意随时补充水分，绝对不能让盆土干燥。盆荷从种植至开花一般需3个月左右，因品种不同而异。

碗莲种植方法同一般荷花。由于碗莲用盆小，盆内水分少，炎夏水蒸发快速，更应及时补水，早晚都应随时注意是否缺水。一旦失水，荷叶很易干枯，造成不可挽回的损失。秋末，荷花停止生长，新藕也已形成，植株逐渐枯黄，盆内只需保持浅水即可，但不能无水。入冬后，气温为5℃左右时，可将整盆的盆藕去除残叶，灌满水，放置于冬天能保持0℃以上的地方，这样种藕不会发生冻害；藕不接触空气，也就不会发生霉烂。

荷花中的大部分品种在炎热的夏季花开，尽展迷人的风姿。但有少数品种，如千瓣莲、玉碗、红杏等品种在炎热的夏季开花，常不能充分表现它们固有的品种美，在稍凉爽的季节才能尽显花艳。这些品种可将种藕贮存于低温处，于5月中下旬种植，9月初开花。这样不仅可使这些品种花开得最美，而且可延长荷花的观赏期。

【病虫害防治】

1. 病害　最常见的病害是叶斑病、黑斑病及褐斑病，常发生于雨季。这些病多由通风、透光不良引起，因此盆荷应置于通风透光处，以减少病害的发生。发现病叶应随时摘除，或喷多菌灵、甲基托布津或代森锌的 800 倍液，每 10 天喷 1 次，喷 2～3 次基本可灭除病害。

2. 虫　害

(1)蚜虫　常以若虫、成虫群集于幼嫩的新叶及幼蕾吸食汁液，主要发生于春、夏季，1 年可发生 20 余代，危害严重。发生蚜虫时可用氧化乐果灭除。

(2)金龟子　主要是成虫夜间咬食荷叶，造成叶缘残缺失去观赏性。可利用金龟子成虫的趋光性用灯光诱杀或用 90% 敌百虫 2 000 倍液喷杀。

(3)潜叶虫　常为害刚出水的浮叶。虫体长 1.2～1.5 厘米，幼虫钻入叶内潜食，造成黑色的弯曲的叶内隧道。可等立叶出水后摘下浮叶烧掉，也可用氧化乐果液喷杀。

(4)黄刺蛾　幼虫具枝刺和毒毛，可刺激人们皮肤痛痒，又称“痒辣子”。咬食荷叶，常发生于 6～7 月，使叶片残缺。虫源多来自周围树上越冬的虫茧，应摘除虫茧或用敌百虫 1 500 倍液喷杀。

四十、睡　莲 *Nymphaea tetragona*

睡莲科睡莲属植物。主要产于温带和亚寒带地区，如东亚、中国、印度、墨西哥和欧洲、非洲等地区和国家，分布相当广泛。该花又名水浮莲、子午莲。

【形态特征】　为多年生水生草本植物。叶片浮于水面，圆形或心形，全缘，面光亮；叶柄肉质，长而柔软，位于水中，其长度和水深有关，水深则长；花单生于花梗顶端，多漂浮于水面，中午开花，晚间闭合。也有些品种，花挺出水面。花瓣 8～15 枚，三角状阔披针形，外轮花瓣大，内层渐小。花色多种，有红色、粉色、黄色、白色和浅蓝色等。单花期 3～5 天，夏初至秋末花开不断。另一类来自热带的睡莲，泛称“热带睡莲”。叶圆形，叶缘多呈粗锯齿或波状。叶缺裂处距叶柄着生处稍远，花开挺出水面。有些花晨开午合，有些夜开晨合，后者夜晚开放，难以观赏。水下泥中有地下茎。睡莲在我国南北广有种植。耐寒睡莲地下茎多呈不规则圆形、黑褐色，有密集的绒毛；耐寒性强，水面冰冻，泥中的地下茎仍可安全越冬。热带睡莲地下茎多为直立，圆柱形，有的品种横生；热带睡莲在结冰期不能在泥中越冬，冬前须挖出放温室中保存。热带睡莲发芽及生长需较高的温度，因此在我国北方生长期短，花期也短，但品种多，色彩丰富，因而也为公园或家庭引种。

【生长习性】 喜光照、高温和大肥。耐寒睡莲的地下茎在深泥中可耐－10℃的低温。热带睡莲地下茎在泥土低于 0℃即会受冻害。均能耐 40℃的环境温度。

【繁殖方法】 多用地下茎分割繁殖。春天，将地下块茎横切成数段，每段长 5 厘米左右，具芽，用于种植。也可播种繁殖，但开花慢，常播后第二年或第三年才能开花，故少用此法。耐寒睡莲多不结籽，仅少数品种可结籽。热带睡莲则多能结籽。春天，气温达 20℃以上时，可先用 25℃左右的温水浸种催芽，每天换水 1 次，经 7～10 天出芽，播种于浅盆中，土表维持 2 厘米深的水，盆面覆盖玻璃，约 20 天可出苗。耐寒睡莲种子需 1 个多月才出苗，经过几次换盆精心养植，植株长出 10 多片叶时可投入大盆种植。耐寒睡莲通常第二或第三年开花，热带睡莲当年或第二年即可开花。

【栽培管理】 庭院栽培睡莲以选种中小型品种为宜。可选用直径 50 厘米、高 30 厘米左右的花盆或浅缸，盆（缸）底放入蹄角 200 克及骨粉 250 克，使其不断沤制，缓慢释放氮、磷元素；盆土可用肥沃的塘泥加一些饼肥或鸡粪。将土壤装入盆中，上留 5 厘米的贮水层，而后加水。块茎或种苗栽种后应微露顶芽，初期宜放浅水，以利于提高水温。随着植株的长大，逐渐加水至满盆。阳台种植可选用微型品种，如红花小睡莲、白子午莲等，选用盆径为25～30厘米、盆深为15～20厘米的花盆。生长后期，盆中的营养逐渐耗尽，如叶片发黄变薄，长势瘦弱，表现明显缺肥，应及时追肥，可施用尿素及磷酸二氢钾等速效化肥，几天便可发挥作用。其施肥量应为盆体积的0.2%左右，每10天追施1次。在生长期，可多施些尿素，开花期可多施些磷酸二氢钾。生长前期，如叶子过密，会影响光照而影响花蕾的形成，应摘除一部分叶片，以利于花蕾的形成与生长。盆栽睡莲，病虫害较少发生，其病虫害与荷花基本相同，可参照荷花病虫害的防治方法。应注意观察，如有病害应及时摘除病叶，有虫害要及早捕捉。庭院盆栽睡莲，其盆水是蚊子幼虫孳生的地方，可养一些小鱼或投入少量敌百虫或乐果，防止蚊虫繁殖。

四十一、马蹄莲 *Zantedeschia aethiopica*

天南星科马蹄莲属植物。原产于非洲南部，我国各地多有种植。

【形态特征】 为多年生草本植物，地下具褐色肉质根状茎，叶基生，株高50～100厘米不等。叶具长叶柄，生于根状茎上；叶片卵状箭形，长20～40厘米不等，嫩绿，全缘。花梗生于叶丛，并高出叶丛。肉穗花序黄色，着生于白色佛焰苞内；佛焰苞长15厘米左右，呈马蹄形，春季开花。本属常见种植的还有彩色马蹄莲(Z. striped-hydrida)，为一杂交种，该种叶片绿色，带有白色斑点与条纹，佛焰苞有红色、橘红色、橙黄色、粉色等。马蹄莲是重要的切花与盆栽观赏植物。

【生长习性】 喜温暖、湿润、半阴环境条件，不耐寒，也不耐热，怕强光暴晒。在寒冷与炎热条件下休眠，要求疏松、肥沃、排水良好的土壤。

【繁殖方法】 一般采用分株繁殖，大规模商业生产采用克隆技术。热天花后，植株进入休眠，将盆栽植株置凉爽的荫棚下，停止浇水和施肥，但要常向叶面喷水。秋天，剪去全部叶片，取出根状茎，去除烂皮弱芽，保留顶部壮芽，分割为数丛，待伤口干后重新种植。彩色马蹄莲目前主要采用克隆技术繁殖小苗。

【栽培管理】 秋天，种植前用25～50毫克/升赤霉素水溶液浸泡种球10～15分钟，可促进植株开花并提高产花数量。但不可浸泡过久，浸泡时间过长或浓度过高易产生畸形花。直径为3～4厘米大的根状茎才能开花。栽培土壤应选用排水良好、有机质丰富、含有钙质的砂壤土种植。彩色马蹄莲抗病性比白花马蹄莲抗病性弱，最易感染细菌性软腐病，种前应对种球用多菌灵或其他灭菌药消毒，应用未种过马蹄莲及蔬菜的土壤种植，并注意田间卫生。生长适温白天为15℃～24℃，夜晚不低于16℃。种植用的有机肥应高温消毒后使用。在适宜的温度与光照下，通常经2个月可开花，花前生长期每半个月应追施1次氮、磷、钾等量的复合肥，并充分浇水，并可施2次含钙的化肥（如硝酸钙）可促进开花。大面积种植，若能在秋末及早提高温室温度，并通过喷水降温延缓热天的到来，都能延缓生长期，延长开花时间，促使多开花。开花末期，应控制供水，防止湿度过大引起球根腐烂。种植期间应注意通风，并遮去30%的光照。家庭种植，应置室内光照充足处。温度在30℃以上易发生细菌性软腐病，造成植株腐烂死亡，因此要注意降温。如基肥充足，花前仅施2次含钙的液肥即可，开花后再施2次氮、磷、钾等量复合液肥，即可促使种球充实。

【病虫害防治】

1. 病　害

（1）细菌性软腐病　植物的根茎叶均易感染此病，彩色品种更易感染，而且发病快。目前尚无治疗办法，只能靠预防。种球种前用72%的农用链霉素（含1 000万单位）100倍液浸泡10分钟，可杀灭大多数病菌，晾干后再种植。盆栽土壤可用微波炉或蒸汽消毒，杀死细菌。不要用种过蔬菜的土壤。遇有感病植株应及时消除，种球采收后应清除枯叶，减少以后染病机会。

(2)叶斑病　染病初期，叶片上出现灰绿色水渍状斑点，病斑扩大形成病斑中部灰褐色、外围暗褐色的圆形或椭圆形病斑。该病常发生于雨季或湿度大的天气。可采用设施避雨，每天在上午浇水，夜间做到叶面无水，这样可减少发病机会。如有病害发生，每 10 天喷 1 次甲基托布津溶液，喷 2～3 次即可治愈。也可在发病前每半个月喷 1 次 75%百菌清 800 倍液，即可引起良好的预防作用。

(3)灰霉病　该病多发生在低温、多湿的环境条件下。初发病叶片及花上可出现褐色小斑点，以后扩大至褐色斑，病斑可连结成大斑，并可产生褐色霉状物四处散播，花朵最易染病。防治办法参照叶斑病。

2. 虫害　主要是蚜虫及蓟马吸食汁液，可用 40%氧化乐果或 50%杀螟硫磷等内吸剂 1 000 倍液喷布。

四十二、菊花　*Dendranthema* × *grandiflora*

菊科菊属植物。原产于我国。我国栽培已有约 2 000 年的历史。该属遍布于我国各地，因此别名极多。8 世纪后传至日本，以后继续传至各国，现全世界已广泛种植。

【形态特征】　多年生宿根草本植物。盆栽株高多在 60 厘米以下。单叶互生，卵形至阔披针形；叶缘浅裂或深裂。叶形因品种不同而有明显差异。茎直立，易分枝。头状花序，单生或数朵花聚生于茎顶。周边花一层至数层，舌状，不孕；中心花为管状花，为两性花，可结种子。花形花色多种，秋、冬季开花。花后因天冷，地上部分死亡，冬暖地区，菊花地上部分不死，可四季常绿。依开花季节分为夏菊、秋菊和寒菊三类，以秋菊品种最多。依瓣形与花型分为平瓣、匙瓣、管瓣、托柱、畸瓣(如毛刺、龙爪等类型)五类瓣形、30个花型。依花径大小分为小菊(花径小于6厘米)、中菊(花径6～10厘米)、大菊(花径大于10厘米)三种,依整枝造型分独本菊、多头菊、大立菊、悬崖菊、塔菊、案头菊、盆景菊等。我国现有品种统计数字差异颇大,主要是一些品种多名之故。一般认为有1 000余个品种。

【生长习性】 喜光照、温凉,也耐寒。适应性较强,对土壤环境条件要求不严。适宜生长温度15℃～25℃,地下根茎可耐－10℃低温。

【繁殖方法】 多用扦插分株或嫁接繁殖。种子繁殖多用于育种。分株法常于早春挖出母株根茎,分离,每部分均需有芽1～2个。扦插繁殖多用枝插,也可芽插或叶插。枝插成苗快,最为常用。常于春、夏或早秋剪取5～10厘米的顶梢,去掉下部叶片,保留顶部2～3叶,用利刀从最下部叶的下方0.3厘米处斜切,切口呈马蹄形(此处易生根)。如能用生根剂500～1 000毫克/升吲哚丁酸蘸切口3秒钟左右,或用20毫克/升吲哚丁酸泡切口6小时,可提早生根,根系也长得多。插条切口茎心若有白色絮状物,表明茎已老化,不易生根,应选切口绿色实心的插枝扦插于净粗沙中或蛭石中,置室内南窗阳光不能直照处,每天喷水3～5次,使叶片不蔫,10余天可生根。叶插、叶芽插多用于珍稀品种,以增加繁育系数。叶插,要选取带叶柄的完整叶片,将下半部斜插于沙中保湿、遮荫,经20天左右叶柄基部可生根发芽。叶芽插则是选一段带芽的叶片扦插。芽插常于秋、冬切取植株四周的脚芽(刚露土的健壮嫩芽)插于粗沙中,在5℃左右条件下保存,春暖发芽成苗,即成为一新株。嫁接多为将菊的嫩枝嫁接于青蒿或黄蒿上,培育大立菊、塔菊或多花色的什锦菊。

【栽培管理】 菊花整枝造型不同,其栽培管理方法有共同之处,也有不同之处,特别在修剪方面不同之处较明显。现以最为常见的盆栽菊为例说明菊花的栽培管理方法。盆土可用疏松、肥沃的砂壤土并拌入一些腐熟的有机肥，如饼肥粉。栽扦插苗或分株苗，开始用的花盆应较小，如用大盆养小苗，由于养分多，易使小苗徒长。应随小苗的生长适时更换大盆。通常从栽小苗至开花应更换2～3次盆。盛夏天热，如根系受伤恢复较慢，对植株生长影响较大，不宜换盆。立秋天凉后最后一次换盆，可在大盆中拌入适量的饼肥粉，以保证植株秋天旺盛生长期的营养供应。小苗期，由于盆土有较充足的基肥，植株需营养较少，可只浇水无须追肥，待苗稍大再补充肥，可浇有机液肥或以氮肥为主的0.3%左右的复合化肥。要看苗施肥，可10～15天追肥1次。7～8月份天气炎热，不利于植株生长，因此植株需肥不多，如施肥过量，反而会损伤根系，并促使脚叶衰老脱落。因此，天热时期可停止施肥或偶尔补肥。追肥要看菊苗生长情况确定，如发现菊苗叶小色淡，表明缺肥，须及时追肥；如菊苗健壮，再施肥浇水易促使植株徒长。秋天为菊花旺长时期，此时苗也长大，需肥量较多，可增加追肥次数及每次的追肥量，在植株四周近盆边处撒有机肥30克左右。追肥应薄肥勤施，肥水结合，可每周施稀肥1次。花蕾出现后，为促使花蕾发育，可加大每次施肥量，并喷0.2%磷酸二氢钾溶液，每10天施1次，至花蕾显色。追肥应避免洒在下部叶片上。浇水也是一件较难掌握的工作。菊花喜湿，但忌水大，如浇水过多，易造成菊苗徒长。菊苗小时耗水较少，应控制浇水。尤其是每次摘心后要控制浇水，这样可促使发出的腋芽饱满、新枝粗壮，可待新芽萌发后再加大浇水量。随着小苗长大，天气转热，耗水增加，可增加浇水量，原则是见干见湿，干透浇透。秋天菊苗旺长，应防止植株徒长，午前浇水盆土维持稍干即可。花蕾显色后应保证充足的水分供应，植株才能开出美丽的花朵。浇水时注意不让泥水沾污脚叶，否则易引起脚叶染病脱落。

菊苗高15厘米左右时，应摘心促发侧枝，既可控制植株高度，也可增加开花朵数。第一次摘心可在植株高15厘米、7～8片叶时进行，可留下部叶4～5片；侧枝经1个月的生长，可再次摘心，留下部 3 片叶子，再发新枝。最后一次摘心不能晚于 8 月上中旬，这次摘心常称“定头”，应严格控制时间，因为过早摘心，侧枝会过长，过晚会延迟花芽分化而延迟开花。定头后的大菊，经 80 余天可开花。定头后新发的侧枝在枝长 10 厘米左右时，可将发育良好、分布匀称的枝条留下，将分布不适宜的枝条或弱枝从分枝基部剪去。最后留取高低一致的健壮枝条，每枝可能出现几个花蕾，可留端部 1 个主蕾和附近的一个花蕾备用，其他花蕾一律除去，以减少养分消耗。如主蕾已大，可摘去备用蕾，使主蕾充分发育、开花。经过几次摘心，可形成数个分枝，形成多头花。

家庭常见种植的盆栽菊尚有独本菊与案头菊两种。独本菊一株一花，最能体现品种特性。因其一株仅开一花，花也开得最大。案头菊低矮花大(一般株高 15 厘米左右)，最适宜摆放室内桌案观赏。种植案头菊主要通过晚扦插，加强营养和用激素处理控制株高三项措施完成。一般于 7 月下旬至 8 月上旬选取壮枝扦插，生根后定植于小盆中，盆土应疏松、肥沃。定植苗缓苗后，用 0.2%尿素 3～5 天浇灌 1 次，促使长叶。定植 10 天后，每 10 天用比久 200～400 倍液喷植株茎顶 1 次，直至花蕾出现显色。比久有缩短茎节的作用，因而可抑制株高，并能促使叶片增绿。案头菊从扦插至开花约需 3 个月。定植成活后 20 余天起可用 0.1%尿素＋0.1%磷酸二氢钾混合液进行叶面喷肥，促使植株健壮生长。案头菊只能在茎顶开 1 朵花，因此在花蕾如黄豆大小时除去侧蕾，使植株全部营养集中供应主蕾开花。除独本菊、多头菊、案头菊外，还有大立菊、塔菊、悬崖菊、盆景菊等造型菊，但它们的栽培管理特别是修剪与上述几种盆菊有较大区别。大立菊一株可开花数百朵或二三千朵；塔菊则是利用高大的黄蒿或绿蒿嫁接而成；盆景菊多用小菊为材料，配以山石、枯木桩，将菊株盘扎而成的艺术品，有兴趣者可参阅有关书籍介绍的方法制作。家庭种植还可培植较小型的悬崖菊。悬崖菊多用小菊培育而成，具悬垂性。常选枝条坚韧、分枝性强、生长快、花叶密生的品种。如一捧雪、一点红等品种育成。

可于早春育苗，在苗长 40 厘米左右时向一侧倾斜固定于竹片上，迫使其斜长。植株所萌发的侧芽按不同部位留不同长度摘心；植株基部侧枝应长些，可在 10 片叶时摘心，促发侧枝；中部可短些摘心；顶部可更短些摘心。摘心后萌发的侧枝可再次摘心，但主枝的茎顶是不能摘心的，应一直向前生长，形成一株前窄后宽的株型，最后一次摘心不应晚于 9 月中旬，约于 10 月中旬可出现花蕾，11 月开花。

菊花开花后，进入严冬，地上部逐渐枯死，可剪去枯死的枝叶，将花盆埋于露地，上覆 50 厘米左右的土层过冬，备作翌年繁殖用。

【病虫害防治】

1. 病　害

(1)褐斑病、黑斑病和黑锈病　它们都是真菌性病害，病斑颜色不同，起始表现叶片有小的病斑，以后逐渐扩大，使叶片枯焦。应在病斑初显时喷 50%甲基托布津或 50%多菌灵 800 倍液，杀灭病菌。每周喷 1 次，速喷数次。

(2)白粉病　真菌病害。常发生于嫩叶及幼茎处，初为白色斑点，以后出现大片白粉状，引起叶片卷曲、畸形和褪绿。应在该病初发时喷甲基托布津或多菌灵或 50%代森铵 800 倍液。

2. 虫　害

(1)蚜虫　多为红褐色的菊蚜，又称“腻虫”。常见于幼嫩的茎顶叶茎上，十分密集。该虫吸食嫩叶汁液，秋天则为害花蕾。可用烟草水 30～40 倍液或氧化乐果 1 000 倍液喷洒，通常喷 1～2 次即可杀净。

(2)红蜘蛛　常发生于夏季高温干燥时期，见于叶背，红色，极小，吸食汁液，引起叶片干枯，常用三氯杀螨醇 1 000 倍液喷杀。

四十三、非洲凤仙花　*Impatiens hybrid*

凤仙花科凤仙花属植物。系几种非洲产凤仙花的杂交种。现在各国有广泛种植。

【形态特征】 为多年生草本。常作1年生种植。株高20～40厘米不等，高度和品种有关。茎与叶柄肉质，光滑无毛。叶互生，卵形，叶缘有细锯齿，花腋生，花径多在5厘米左右，单瓣或重瓣。花下有细长的距，长约2厘米。花多、常布满植株上部。花色多种，以不同的红色基调花为主，也有白色花及多种复色花。花期特长，除夏季开花较少外，春、秋季开花最盛，冬季室内温暖时也可开花。非洲凤仙由何氏凤仙（I，holstii）、苏丹凤仙（I，sultaii）等几种非洲产的凤仙杂交选育而成。

【生长习性】 喜温暖、湿润和有散射光照的环境。适生温度15℃～25℃，要求土壤疏松、肥沃。通常的砂壤土可用于种植。

【繁殖方法】 多用种子繁殖，也可扦插繁殖。种子细小（每克约含种子1 700粒左右），具好光性，因此播种后不必覆土。播种土壤要求碎细、平整，有较高的保湿性。撒播种子后盆面盖玻璃或透明塑料薄膜，置20℃～25℃环境中，半个月可发芽。发芽后为稳定植株，可在盆面撒细土。出苗后应控制浇水，通风、见光炼苗，以减少病害发生。秋、冬、春季只要温度适宜，均可播种，播种后约3个月可开花。剪取5～10厘米长的枝条扦插，保湿或泡于水中，在20℃下10天左右可生根，出根后即可上盆。扦插繁殖更适宜小量繁殖及重瓣花繁殖。

【栽培管理】 盆土要选用疏松、肥沃的砂壤土，如用1/2的泥炭土或腐叶土配1/2的砂壤土加一些腐熟的饼肥粉或市售鸡粪更好，这样的土质疏松、肥沃，更适宜植株生长，也有利于幼株根系的生长。幼苗2叶期时可先分苗1次，4厘米左右高时定植于花盆。定植时最好选凉爽、湿润的环境摆放，以利于缓苗成活，也有利于提早开花。定植成活后可摘心1次，促发侧枝，有利于多分枝多开花。苗期生长缓慢，但具有小苗能开花的特点。随着苗的长大，应加强肥水管理，可10天浇施1次稀有机液肥或0.3%复合化肥。该花喜温暖、湿润，忌强光照，最好能置于每天有半天光照或70%

光照的地方，周围常喷水，这样可保持植株丰满，花开不断。大非洲凤仙喜半日光照条件，现已成功育出耐晒品种，如展览会系列在全日照下也能良好生长，因此也适合花坛种植。

非洲凤仙由于具有喜半阴的特点，因此很适宜家庭凉台或窗台种植或在庭院树荫下种植。老株开花有退化现象，植株也欠美观，应通过扦插更换新株，并应注意修剪。

【病虫害防治】 有时有褐斑病及白粉病发生，可喷 50% 多菌灵防治。虫害少见。

四十四、新几内亚凤仙

Impatiens New Guinea

凤仙花科凤仙花属植物。原种产于非洲南部，现栽种的是园艺杂交种。

【形态特征】 多年生草本。植株高可达 90 厘米，盆栽株高多在 20～30 厘米。茎直立，肉质，多分枝，叶披针形；叶缘有小锯齿，叶色绿或古铜色。花簇生于叶腋，两性花，花径 5 厘米左右，花瓣 5 枚，不等大，左右对称，花朵下有距。花色艳丽，有紫红色、红色、橘红色、粉色、黄色、白色和复色等多种，如温度适宜可一年四季开花不断。

【生长习性】 喜温暖、湿润和半阴环境。忌强光及寒冷。适生温度 20℃～25℃。环境湿度应在 50% 以上。

【繁殖方法】 扦插或播种。扦插，易生根，成苗快，花色一致，是目前的主要繁殖方式。扦插的具体方法是：从母株上剪取 6 厘米左右长的枝条，留 4 片叶，去除其余叶片插于沙土或蛭石中，用透明塑料袋覆盖保湿，每天透气 2 次，每次 10 分钟。在 25℃ 下，10 天可生根。也可用水泡枝条使基部生根，生根后上盆置于阴凉处，待恢复生长后逐渐见光。扦插苗成活后不久即可开花。播种繁殖，可用草炭土和沙土按 3∶1 混合后消毒以防止以后幼苗发病，点播种子后覆盖很薄的一层播种基质或蛭石，在 25℃下 10 天可发芽。种苗根系发达，株型紧凑，花更繁茂，但从播种至开花时间较长，通常需 4 个月。

【栽培管理】 盆栽用土常用草炭土加少量沙及饼肥粉配制，也可用缓释复合化肥。盆土应常保持湿润，不可干旱，缺水极易引起叶片萎蔫或干枯，应注意浇水。室内花卉，追肥应用复合化肥，避免发生异味。苗期可用市售含营养素的片肥或液肥 0.3%浇灌，花期可增施磷、钾肥。每 10 天追肥 1 次。早晚可在阳台上光照下摆放，10～15 时应避免强光照。冬季室温应不低于 10℃，可置室内光照处。温度低于 8℃可致植株死亡。室温高于 16℃仍可缓慢生长开花，但以 20℃～25℃的室温为好。栽种苗，根据爱好，可在 5～10 厘米高时摘心以促发侧枝，可保持侧枝 5 个左右，使植株丰满，开花也多。冬季室内干燥时，可喷水，以保持植株周围湿润。追肥时应避免触及叶片，如有沾污，应喷水清理，以防止感病。

目前该属商业品种颇多，各有特点。如佳娃(Java series)，种子繁殖，株高多在 30 厘米以内，植株健壮，株型紧凑，更适合盆栽；探戈(Tango)，植株较高，可达 50 厘米以上，花大，花期长，更适合作园林风景花卉；波尼奥(Borneo Mixtau)，株高在 30～40 厘米，花朵较小，但花多，适合庭院绿化。

【病虫害防治】

1. 病　害

(1)褐斑病　发生于叶片正反面，黄褐色至浅褐色，多发生于高温高湿环境，通风、稍干燥的环境通常很少发生。发病初期可用 50%多菌灵灭除。

(2)白粉病　叶片或茎上均可发生白粉状病斑，幼嫩部位更易发生。发病初可摘除病叶并喷多菌灵或甲基托布津等灭菌药。

2. 虫害　较少见，如有蚜虫，可用氧化乐果等灭蚜药防除。

四十五、非洲紫罗兰 *Saintpaulia iomantha*

苦苣薹科非洲紫罗兰属植物。原产于非洲东部凉爽、湿润的山区。又名非洲堇。

【形态特征】 为多年生常绿草本植物。植株矮小，株高多在10厘米左右。叶丛生于短茎上，圆形至椭圆形，具长柄，稍肉质。株幅10厘米左右，为小型盆花。花枝自叶丛中抽生。可同时抽生花枝2～3枝，每花枝着花数朵。花径通常4厘米，大花品种花径可达7厘米。花冠浅钟形，呈二唇形，上唇2裂，下唇3裂。雄蕊2，花药黄色，大而明显。花冠深裂，形似5枚独立的花瓣。多单瓣，也有半重瓣及高度重瓣的品种。花色多种，有紫色、蓝色、红色、紫红色、粉红色、白色、黄色等。蒴果很小，由昆虫传粉，居室内无昆虫，故家养的通常也不结籽，需人工授粉才能结果。种子极小。根纤细呈须根状，无明显主根，多呈水平分布于盆中。多于冬、春、秋季开花，夏季炎热，很少开花。

【生长习性】 喜凉爽、湿润、半阴的环境。土表湿润，有利于分布在浅表层土壤中的根系生长；水大，易引起纤细而密生的根系缺氧而死亡。生长适温15℃～25℃。

【繁殖方法】 扦插或种子繁殖。多用扦插繁殖。商品生产常用克隆技术。扦插，可用带叶柄的叶片、芽或茎扦插。由于叶片多，易得，因而叶片扦插成为最常用的方法。叶插，多于气温适宜的5～6月进行。如温度能维持在15℃～25℃，任何时候均可进行叶插。扦插基质最好用珍珠岩或粗沙，普通土壤也可，但用前应消毒。选健壮叶片，叶柄保留4厘米左右，插入基质一半，保湿，经半个月左右生根，50天左右可出小芽。再过半个月，小苗具3～5片叶时，可切下来定植于小盆中。原来的叶片可保留于原处，1个月后又可长出新芽。如给生根的扦插叶施肥，可繁殖几株小苗。水泡叶柄也可生芽，但芽弱，故一般不用。叶腋生出的小芽也可扦插，只要能立于基质并保湿，10 天后浇 0.1%尿素液或更稀的尿素液，小芽就会长成小苗。茎的来源少，常因取叶片多而变得粗长，可截取一段粗茎扦插，茎上可长出几个小芽，可保留一个芽让其生长，摘掉其余的芽扦插，这样一段茎可繁殖几株小苗。将叶片切成几块，植于基质中也可生芽。

种子繁殖较少采用，播种前应先浸泡 12 小时，播于平整、洁净的疏松基质上，保湿，保温 20℃左右，经 7 天可出苗，3～4 片叶时可分植，5 天后可喷 0.1%尿素液 1 次，以后每 5～7 天喷 1 次，待苗长大后即可定植。以后施肥，以喷尿素为好，不能施有机肥。

【栽培管理】 由于非洲紫罗兰的根细弱，因此盆栽基质必须疏松、透气和排水良好。通常用珍珠岩、蛭石、草炭按 2∶1∶1 配制。也可用腐叶土加园田土及沙混配，但这种土壤用前应消毒。由于该种为典型的室内花卉，施肥应以复合化肥为主，以减少异味发生。该花对光照要求不高，室内光线明亮处即可正常生长；怕强光，因此不能置于强光处。室温保持 15℃～25℃可正常生长，低于 8℃易发生寒害。日夜温差大于 5℃有利于生长和花芽分化。环境湿度以大于 50%为好，高湿易发生病害。植株半肉质，有一定保水抗旱能力，故需水量不大。如基质长期过湿，其根系周围氧气必然减少，将影响其根系呼吸造成根系死亡。室内可适当通风换气，以减少病虫害发生。幼苗期主要是叶片及根系生长，可以施用含氮素较多的复合化肥，由于幼苗吸收力弱，使用浓度为 0.1%为宜。随着植株的生长，浓度可适当增大，但最大也不宜超过 0.4%。最好不用有机液肥，因其有异味，也常有杂菌而引起病害。如果施用有机肥要经消毒才能使用。幼苗期对环境湿度要求较高，以 70%左右为宜。如温度低于 15℃有时会引起烂苗，以 20℃～25℃为宜。如条件适宜，幼苗生长很快，待有 6～8 片叶时可定植于大小适宜的花盆中。定植后，如条件适宜，经 2～3 个月即可进入花期，其间有许多叶芽出现，如任其生长，不但株形难看，还会影响花芽的形成、影响开花，应适当去掉一些叶芽。叶芽一出现便会出现小叶片，而花芽始终保持纺锤形尖端，由于叶芽小、叶柄脆，可用镊子夹住叶芽拔掉。花芽出现后，可每周向叶面喷施1次0.2%磷酸二氢钾，直到花梗伸出叶面。花梗伸出叶面1周后便可开花，从第一朵花开放至最后一朵花凋落可持续2个月之久，但适宜观赏的时间要短些。一旦花朵减少，可从基部剪掉花梗，以减少营养消耗。开花前，对植株可喷水增加湿度，并施肥以促进生长，但开花后应停止施肥，也应停止向叶面喷水，因为花朵沾水将很快败落。花期室温以保持20℃左右为宜。如温度过高，花期将缩短，温度低于13℃，花蕾常不能正常开放。在花期，盆花应置于室内散射光处，如置于室外光照下几小时就会使开花的植株面目全非。花后还应去掉几片老叶，减少养分消耗，促进新叶生长。如温度适宜，管理又好，过1～2个月可进入一个新的花期。冬季室内温度适宜，一株成苗一年可在秋、冬、春三季开花3～4次。植株衰老后应采用扦插繁殖的方法更新植株。如秋、冬、春季湿度偏低，应设法增加环境湿度。夏季是高温季节，降温、通风是中心环节。当温度高于30℃时，植株停止生长；闷热不通风的天气也易发生病虫害。此时植株处于半休眠状态，可将花盆置放居室北侧凉台或窗台外，并应停止施肥。

【病虫害防治】

1. 病害 不多见，但有时会有灰霉病发生，表现为叶片先变软，根茎逐渐腐烂，植株死亡。初见病症时，每7～10天喷1次代森锌，喷2～3次即可基本控制住病害。病害严重的植株应烧毁，防止病菌传播。

2. 虫害 常有蚜虫、红蜘蛛、介壳虫为害，可用50%马拉硫磷1 000倍液喷洒。三氯杀螨醇对红蜘蛛的卵、幼虫、成虫均有良好的杀灭作用。喷药应在室外进行，以防止造成室内污染。也可用铁灭克颗粒剂埋于盆中，植株可内吸而杀死害虫，一般10厘米的盆埋入15粒左右即可。

四十六、欧洲报春花 *Primula acaulis*

报春花科报春花属植物。原产于欧洲。

【形态特征】 为多年生草本。常作二年生花卉种植。株高15厘米以内。叶长椭圆形，基生，长10余厘米，宽5厘米左右；叶面皱，叶缘略下弯。花梗长5～10厘米，一莛一花，花径4厘米。花冠高脚碟状，花瓣5片，花心常具黄色斑块。花色多种，常见的有蓝色、红色、粉色、黄色、白色等。冬、春季开花，是春节室内盆栽和春天花坛的重要花卉。与本种极为相似的有多花报春(P，polyantha)，后者花莛粗壮，高可达15厘米，端部可着花数朵，花的大小、花形、花色与欧洲报春花几无区别，花市上常见这两种花混合出售。

本属常见种植的还有四季报春(P，obconica)，又名鄂报春，产于我国西南。为多年生草本，常作一二年生种植，高20～30厘米；叶基生，叶片椭圆至卵状椭圆形；花莛高20～30厘米，顶生伞形花序，花有红色、粉红色、淡紫色等。藏报春(P，sinensis)，产于我国西部。为多年生草本，常作二年生种植；叶卵状心形，有羽状裂，叶背红色，具长叶柄；轮伞花序1～3层，每层具花10朵左右；花萼明显膨大，呈陀螺形，花瓣5枚，花色多种。报春花(P，malacoides)产于我国云南省和贵州省。叶卵形或矩圆状卵形，叶基生，株高20～30厘米；轮伞花序2～7层，每轮具花4～6朵；花小，高脚碟状，花色有雪青色、粉红色等。为多年生草本，常作二年生种植。

【生长习性】 本属植物多分布于较高纬度的低海拔地区或低纬度的高海拔地区，因此普遍喜温凉、湿润、排水良好、富含腐殖质土壤。不耐高温和强光照，也不耐严寒。生长适温为10℃～20℃。

【繁殖方法】 用种子繁殖，也可分株繁殖。种子寿命较短，最好随采随播。出于商业需要或天气原因，常干燥冷藏于秋天播种。

种子细小，发芽时喜光照，因此播后常不覆土，可加盖玻璃或塑料薄膜保湿，在15℃～21℃下约半个月发芽；如超过25℃，发芽率明显下降。分株应于秋天进行。

【栽培管理】 盆栽土壤宜用含腐殖质较多的砂壤土，例如用腐叶土与园田土各半，另加些沙土，混拌一些有机肥。欧洲报春和多花报春均喜微酸性土壤，原产于我国的报春花可用中性土壤种植。分株，通常将老株分成2～4株重新种植。幼苗3叶期时可分苗1次，6～7叶期可上盆定植，视盆大小决定定植株数，每盆可种2～4株。1周后移至半阴处，再过1周可见光，每2～3天浇水1次，10天左右施1次稀有机肥液或约0.3%复合化肥液。盆土常保持湿润。可常向叶面及地面喷水，以提高空气湿度。冬季夜温可控制在5℃～10℃，也可维持在0℃。为提早开花，夜温可提高至10℃。采取早播种和提高夜温的方法，可于春节前后开花。孕蕾期可每半个月喷1次0.2%磷酸二氢钾液，以促进花蕾发育并多开花。冬天应将花盆置于室内光照处。如果不想留种，花后应将花梗剪掉；如想留种，可实行人工授粉，待种子成熟后收获。但自己留种种植，易发生性状分离，长势也不如用花卉公司出售的种子繁殖的植株，因为正规公司出售的种子多属于杂种一代种子，生长势强，且花色一致。进入夏季，天渐转热，植株逐渐进入半休眠期，如想保留植株，应将其置放于凉爽地方。夏天即便置放于凉爽地方，也生长不好，因此应少浇水，并停止施肥，待秋凉后可再分株换土种植。

【病虫害防治】

1. 病　害

(1)褐斑病　常危害叶片。致使叶片为黑褐色，出现圆斑点状，多者可引起叶片枯死。病菌可在残叶上过冬。病初，即用多菌灵、代森锰锌药液喷叶。每7天喷1次，连喷3～4次，少量叶发病，可摘除烧掉。

(2)灰霉病　可见于叶片及花朵。病初，可见叶片出现水渍状斑点，进一步发展为褐色或黑褐色腐烂。高温高湿易发生此病。在室内种植的很少发生此病。见病可摘除发病叶烧毁，或喷灭菌药液防治。

2. 虫　害

(1)蚜虫　吸食叶片汁液，常发生于植株幼嫩部位，可用氧化乐果等灭蚜药喷布灭虫。

(2)红蜘蛛　多见于高温干旱天气，因此只见于夏天留苗植株。该虫发生时可用三氯杀螨醇喷布消灭。

四十七、喜林芋属 *Philodendron*

天南星科植物，又名蔓绿绒属。大多产于南美洲热带林中。为多年生草本，全属植物 275 种，多为蔓性常绿攀援植物，也有一部分近直立。株形优美、典雅，叶形叶色多种，观赏性强，是一类著名的室内观叶植物。耐阴性强，适应环境的能力也较强，因而受到各国欢迎。我国近年也引入不少品种，被人们广泛用于美化厅堂居室。本属植物具有相类似的生长习性与繁殖方法。它们喜温暖、湿润、明亮的环境，亦耐阴，在弱光下也能生长良好，但忌强光。生长适温虽有少许差别，但在 18℃～28℃下均能生长良好。冬季室温应不低于 10℃，夏季高温超过 35℃时应喷水降温和通风，使之安全度过夏天。

【繁殖方法】 蔓性种多用扦插繁殖，将茎切成 3 节一段插入净沙中保湿，上覆盖塑料薄膜，置阴凉处。在约 25℃下，一般 15 天可生根，1 个月可移栽上盆。非蔓性种(或称直立型植株)，这类植株茎短，密生多枚叶片，大株基部常生一些侧芽，将其剪下埋于土中易生根，有时苗大时自己也可生根。有根的侧芽切下晾干伤口直接种植于花盆，没根的芽可插于湿沙中，经 15～20 天通常也能生根。商业生产常用组织培养进行大批量繁殖。一般生产者可用母株切顶，促使侧芽萌发，不断切取侧芽用于繁殖。

【栽培管理】 盆栽土壤一般用泥炭土或草炭土加粗沙及有机肥配制。盆土应常保持湿润，尤其在夏天不能缺水，而且应常向叶面喷水，以增湿降温除尘。天凉后应控制浇水，但即使在冬天也要保持盆土湿润，不能让盆土干透才浇水。生长季节，可半个月到1个月追施有机肥1次，也可用0.3%复合化肥液浇施。还可使用市售的观叶肥。也可自配肥料施用更节省开支。如用尿素和磷酸二氢钾按2∶1的比例配制，使用时对300倍的水溶解后浇施。在冬季和炎热的夏季，植株基本停止生长，此时应停止施肥。蔓性品种，盆中常插一根棕叶片捆绑的立柱，既方便植株缠绕，也因为棕柱常喷水，有利于喜林芋叶片在较高的湿度环境中生存，减少叶片脱落。目前国内常见种植的有如下几种。

1. 攀援型

(1)红宝石喜林芋(P,'Red Enerald') 为优良栽培品种。叶长心形，长20～30厘米；叶柄紫红，新叶的叶鞘红色，叶节处常生气生根。生长适温为25℃～32℃，耐阴性强。

(2)心叶喜林芋(P,scandlns) 叶片为典型的心形，叶端有一长尖，浓绿且有光泽。

(3)琴叶喜林芋(P. bipennifolium) 叶呈提琴状，绿色，长30厘米左右；叶柄较长，达30厘米，茎节具气生根。

2. 非攀援型

(1)春羽(P,selloum) 茎短，因而叶片显得密集。叶片巨大，羽状深裂；裂片较宽，叶长可达60厘米或更长。叶柄坚挺，长可达80～100厘米。该种原附生于林中树上。适合较大场合摆放。在室内光照处可长期摆放。如在阴暗中摆放半个月后，应重置室内光照处摆放一些时日。

(2)羽裂蔓绿绒(P,pluto) 又名千手观音。小叶春羽，叶片较小，常半深裂，裂片细。叶柄细长，叶片密集。

(3)绿帝王喜林芋(*P. erubescens cv. Greeh Emerald*) 俗称绿帝王。茎短而粗壮，大株茎长可达50厘米，节上常有气生根。

叶莲座状四射，叶片卵状三角形，长 35 厘米，宽 15 厘米左右；基部心形，叶绿而有光泽，生长势强。小型植株可置室内光照处桌案摆放，大型株宜摆放大场合的商厦光照处长期摆放。绿帝王基部生芽较少，繁殖系数很低。

四十八、金花竹芋 *Calathea crocata*

竹芋科肖竹芋属植物。原产于南美热带林中。

【形态特征】 为多年生草本植物。株高 30 厘米左右，叶椭圆形，近墨绿色；叶长 15 厘米左右，宽 7 厘米，叶背淡红。花序高出叶丛，橙黄色的花序由金黄色苞片密集组成，酷似一朵花，耀眼夺目。真正的花朵很小，生于苞片内，并不显眼。花期 6～10 月，其他季节也常见花。花开放持久。植株四季常绿，又有耀眼的黄花，是本属目前仅见惟一的观叶兼观花的品种。地下具根状茎，由根部长叶形成植株。

【生长习性】 喜温凉、湿润、半阴的环境。生长适温为16℃～26℃。

【繁殖方法】 分株繁殖，常于春末至夏初分株，分出的每个子株应具有 5 个以上的叶片，使子株既具有观赏价值，又易恢复生长。

【栽培管理】 盆栽土壤应疏松、肥沃。常用泥炭土或腐叶土及少量粗沙配制，加适量的有机肥。越冬温度应不低于 10℃。夏季温度超过 30℃时，生长减缓。耐阴，在室内光照下即可满足对光的需要；在室外则应置于荫棚下或置于遮光 50％的遮阳网中。最忌强光直射，强光极易灼伤叶片。对水分要求较高，不仅要求盆土经常保持湿润，而且应有约 70％的空气相对湿度。如盆土表面稍干，即应浇水，以水刚好从盆底的水孔流出为宜。应常向叶面及植株四周喷水，以增加湿度。北方冬季室内空气干燥，是植株生长最不利的因素，除常喷水外，夜晚可用大塑料袋套上保持湿度，早晨取下，这样也不影响观赏。春、秋季为生长旺季，可每半个月浇施含氮素较多的观叶用肥，可用氮、磷、钾按 2∶1∶1 的 0.3%液肥浇施，天凉后停止追肥。在炎热的夏天，也可只浇水不施肥，因为天热植株基本停止生长，无须营养供应。

【病虫害防治】 病虫害发生不多。有时会发生叶斑病，叶片上产生黄色斑点，进而形成黄褐色斑，可用多菌灵或百菌清溶液喷洒防治。也会发生介壳虫为害，可用中性洗衣粉液喷虫体，形成包膜而使虫体窒息死亡。或在虫卵孵化期(每年 5 月下旬至 6 月)喷几次氧化乐果溶液消灭。由于介壳虫的成虫体外有蜡质，药物很难渗透，难以杀死成虫。而幼虫体外无蜡质，又到处迁移，所以喷药易于消灭。

本属常见的尚有以下几种，它们都是极美丽的观叶植物。

1. 孔雀竹芋 株高 50 厘米左右，叶椭圆形，有金属光泽；主脉两侧分布着暗绿色、长椭圆形的斑块，左右交互排列，似孔雀开屏时尾羽上的花斑，非常美丽；叶背淡紫红色并具紫红色花斑。

2. 天鹅绒竹芋 叶长椭圆形，叶面淡绿，有绒质感；中脉两侧有淡黄绿色与深绿色交互排列的斑纹。

3. 瑰瑰竹芋 叶卵圆形，光亮，中脉两侧有深绿色的宽条纹；叶缘附近内侧有一沿叶缘排列的齿状白色花纹。

4. 圆叶竹芋 叶圆形，叶面光亮，淡绿色的叶面沿羽状侧脉有多条银灰色条斑。株高 40 厘米左右。

5. 丽白竹芋 又名银影竹芋。植株较小，高不足 20 厘米，叶片密集。叶宽椭圆形，长约 15 厘米，宽近 10 厘米。叶面中央有大片白绿色，边缘呈细羽状裂，叶缘为翠绿色色带。

6. 箭叶竹芋 叶长箭形，长 20～40 厘米。宽 4 厘米左右。叶缘波状裂，叶脉两侧具圆形或长椭圆形深绿色条斑，十分美丽。

7. 红羽竹芋 又名双线竹芋。叶长椭圆形，叶中脉两侧斜生双线状条纹多个。叶柄细长，植株高 50 厘米左右。叶背淡红色至紫红色。

8. 女王竹芋 叶长椭圆形。淡绿色的叶面上中脉两侧有斜生的绿色条纹,沿中脉两侧有白色穗状鱼尾状花斑,十分清雅别致。株高 40 厘米左右。

9. 圆叶竹芋 叶圆而色彩华丽,深受人们喜爱,十分流行。

本属观赏植物很多,叶华丽美观,是十分优美的室内观叶植物。病虫害也少,有时在高温高湿时发生叶斑病,叶面出现黄褐色斑点,可用多菌灵或百菌清喷布 2~3 次消灭。有时也会在叶柄中下部发生介壳虫危害,可刷除或在 5~6 月虫卵孵化时喷氧化乐果将幼虫杀死。

四十九、广东万年青 *Aglaonema modestum*

天南星科广东万年青属(又名亮丝草属、粗肋草属)植物。产于我国广东省及南亚一带。

【形态特征】 多年生草本。直立,中部略弯,不分枝。叶互生,叶片卵状披针形,先端渐尖,尖头较长。叶柄也较长。花葶从叶腋生出,端生一绿色佛焰苞,内有一棒状小肉穗花序,上部着雄花,下部着雌花。夏末至秋初开花。株高 30~60 厘米,叶片翠绿、光亮。耐阴性极强,是优良的室内观叶植物。

【生生习性】 喜高温、多湿、半阴的环境,不耐寒,也不耐干旱。怕强光暴晒。生长适温为 20℃~25℃。耐水湿,喜保水力强的富含腐殖质酸性土壤。

【繁殖方法】 分株或扦插。成株周围易产生许多幼株,结合换盆将茎基部的幼株根茎切断,晾半天,待伤口干后种植。栽后稍浇水,置阴凉处,10 天左右可恢复生长。从春季至秋季,均可扦插繁殖。水插,半个月可生根,常切断沙插,根系发育好。切段,每段 4~6 节,保留顶端叶 2 片,插于净沙中 4 厘米,保持荫蔽、湿润,在 20℃~30℃下,20 余天可生根。

【栽培管理】 盆土应用保水力强的酸性土壤,如草炭土或腐叶土，并加入少量粗沙及有机肥。为提高观赏价值，也可直接种于观赏性强的瓷盆中。该属耐阴性强，全年均可置于室内有散射光处。盆土要常保持湿润。春、秋季每20天可追稀液肥1次。夏天应加强通风降温；冬天应多喷水，提高环境湿度。如空气干燥，叶面易失去光泽。冬季室内温度应不低于12℃。也可水养，花瓶中用0.1%复合化肥液（如硫酸铵和磷酸二氢钾各半），每半个月换1次营养液，也能良好生长。

本属植物均很耐阴，是室内优良的观叶植物，常用于宾馆、商厦摆放。常见种植的有以下几种。

1. 银后万年青(A. Commutatum cv. silver Queen) 为优良的杂交种。株高50厘米以下，茎不分枝，常丛生，叶密集成丛。银灰色的叶面散生着绿色斑纹，十分美丽。

2. 斜纹万年青(A. eommutatum cv. san Remo) 植株低矮、紧凑，叶色深绿，具银灰色斑纹，耐阴性强。

3. 中银斑万年青(A. cv. pattaya Beauty) 该种最突出的特点是叶中部沿中脉两侧具宽阔的银灰色长条斑块。

4. 尖叶万年青 叶片卵形，叶端急尖，十分耐阴。

广东万年青在我国栽培历史久远，也为许多国家引种。该属易种植，极耐阴，在同属中是最耐寒的一种。其他种最低温度要求在16℃以上，叶光亮翠绿，株形优美。它在广东还是传统的中药材。

五十、花叶万年青 *Dieffenbachia amoena*

天南星科花叶万年青属植物。原产于美洲哥伦比亚、哥斯达黎加等国。又名大王黛粉叶。

【形态特征】 植株高可达1.5米，是本属较高大的一种。盆栽高也常在1米左右。茎粗壮，叶片椭圆形，长30～40厘米，宽15厘米左右，叶面散生许多淡黄色至白色的斑纹及斑块。植株高大，适宜厅堂摆放。

【生长习性】 喜温暖、湿润、半阴的环境，不耐寒。冬季室温不应低于15℃。强光下叶面易被灼伤。喜疏松、肥沃、排水良好的土壤。

【繁殖方法】 扦插。老株茎下部叶脱落而光秃，失去观赏价值。对此类植株可从地面以上15厘米处剪断，将剪下的茎秆短截，每段含3节，斜插于沙中，在25℃～30℃下经1个月可生芽长根。茎顶部可直接插于培养土中，长根后自成一株。老株可生侧芽，切取新芽种植。

【栽培管理】 对盆土要求不严，但常用草炭土或腐叶土加少量粗沙、有机肥配制。该种生性强健，如肥水充足，温度适宜（20℃～30℃），则生长较快，易成形。春季至秋季可每月追施液肥1次，保持盆土见干见湿。该种耐阴，以置于室内光照处为宜，但也可置于室内稍暗处。

本属植物与广东万年青属相比，其茎干粗壮、高大、直立，稍木质化；叶片也大，并常聚生于茎顶，叶片上常具黄色条纹及斑块，因此显得较花。本属植物叶大，叶色优美，是极好的观叶植物；耐阴性不及广东万年青属植物，虽也较耐阴，但在室内光照处，叶色才更美。在室内暗处摆放10～20天后，应置半阴处见光。本属引入我国的品种较多，常见种植的有以下6种。

1. 玛丽安黛粉叶（D.‘Mavianne’） 盆栽株高多在50厘米以下。植株下部叶绿色，上部叶中部有大面积的黄色，叶缘翠绿，十分美丽。

2. “六月雪”大王黛粉叶（D. amoena‘Tropic snow’） 叶中脉两侧分布着大面积黄色条斑，近中脉处连成一片。

3. 玛雅之星黛粉叶（D.‘Mayastar’） 植株高大，绿色的叶面上散生着许多黄色斑点，非常华丽。

4. 斑叶万年青（D.‘Exotica’） 叶面绿色，中部叶脉两侧散生着许多黄色斑点与斑块。

5. 雪纹万年青(D. memoria 'Corsii') 叶片长椭圆形，端尖，雪白的叶面散生翠绿色小点。

6. 乳斑万年青(D. maculata 'Rudolph Rtoehrs') 叶面椭圆形，黄色，叶中脉及叶缘绿色。

本属植物引入我国品种较多，时间也不久。其叶片上的黄色斑纹、斑块多有变化，因此同物异名现象或不同品种却同一个中文名的现象十分常见。

五十一、花叶芋 *Caladium bicolor*

天南星科五彩芋属植物，又名彩叶芋。原产于西印度群岛至巴西。我国许多家庭常有种植。

【形态特征】 多年生草本植物。盆栽株高30厘米左右，地上无茎。叶从地下块茎抽出，叶柄细长，可达30厘米或更长，向上生长。端生长心形叶片，叶片长10～30厘米不等。叶面花斑丰富多彩，似艳丽的各种图案，十分美丽，是著名的观叶花卉。佛焰苞花序，不明显。地下具黄色扁圆形块茎。

【生长习性】 喜高温、高湿、半阴的环境。生长适温为25℃～30℃。怕阳光直照，不耐寒。

【繁殖方法】 分株繁殖。将块茎埋于沙中，在25℃左右可发芽。切割发芽块茎，晾干伤口后种植于盆中。

【栽培管理】 盆栽土壤应疏松、肥沃，保水排水良好。常用泥炭土或腐叶土加粗沙及有机肥配制。生长季节应保持盆土湿润，要常浇水，防止盆土干旱。叶片薄而娇嫩，盆土不能失水，叶面及四周也应常喷水，保持环境有较高的湿度。忌强光直照。花叶芋主要在夏季及初秋生长，此时也是光照较强的季节，只能放置早晚见光的地方。中午强光易引起叶片受伤，失去观赏价值。盆土肥沃的，生长期每月追肥1次0.4%复合化肥或有机液肥。应有适度光照，如长期放置光照不到的地方，叶柄细长而且不坚实，易歪斜，叶色也不艳丽。秋凉后，气温降至15℃后，植株停止生长，叶片也呈现萎蔫，应停止浇水，使其逐渐进入休眠。去除叶片，块茎可在原盆中保存，也可取出置沙土盆中保存。保存温度应不低于15℃，如低于15℃易腐烂。盆土干时可微浇少许水，防止块茎干缩。

花叶芋叶片华丽，色斑多种多样，十分美丽，是夏季室内优美的观叶植物，置于窗台、案几上十分雅致。

五十二、大花君子兰 *Clivia miniata*

石蒜科君子兰属植物，原产于南非等国，生于林中。传入我国不到100年，但种植相当普遍，我国南北均有种植。

【形态特征】 为多年生常绿草本植物，盆栽株高多在50厘米以下。叶紧密排列，生于极短的茎上，剑形，互生，呈扇形排列；叶缘平滑，叶脉较明显。叶长、短、宽、窄随品种而异，长者达50厘米，短者不足30厘米，叶宽可达10余厘米，因此有的叶呈长带状，有的呈长椭圆形。花葶自叶腋抽生，高20～50厘米不等。端生伞形花序，具漏斗形花10～30朵，橙红色；果为球形，初为绿色，成熟时红色。种子成熟需8～9个月，花期10月至翌年4月。冬季1个花序可开花1个多月。花、果、叶均极具观赏价值。根肉质、发达，长而不分枝。成龄株可有几十条根，长的可达40厘米。本属常见的另一栽培种为垂笑君子兰(C. nobilis)，株较高大，高可近1米；叶长剑形，长者可达1米，一般也在50厘米左右；叶较窄，宽4～5厘米，叶互生，排列紧密；叶脉不明显，伞形花序，端生花数十朵；花梗细软，花呈钟状下垂。两种君子兰的主要区别是：大花君子兰植株通常单生，少分株，叶短而宽，叶脉较明显，花朵排列近半球形，花多为橙红色，漏斗状，花瓣6枚；仅基部连在一起，呈覆瓦状排列；花径大，多在4～6厘米，花朵直立，不下垂。花期为冬、春季。垂笑君子兰植株通常数株呈丛生状，叶长而窄，叶脉不明显。

花朵下垂，花瓣下半部互相连接，仅端部分离；花朵呈筒状，花径较小，多在3厘米左右。花期多在夏季。君子兰于20世纪20～30年代传入我国青岛与长春，40年代流入民间。由于它深受人们的喜爱，许多人潜心于新品种的培育，如今已育成了许多新品种，成为人们心目中品位较高的花卉。

【生长习性】 喜温暖、湿润、半阴的环境。适生温度15℃～25℃。强光易使叶片受灼伤，要求土壤疏松、透气良好、比较肥沃。

【繁殖方法】 种子繁殖或分株。君子兰花为完全花，但雌蕊长、雄蕊短，在室内种植常不能结籽，或结籽少而瘪，发芽力低。同株花朵人工授粉虽能结籽，但也不如异株授粉的种子饱满、生命力强。通常于花开后2～3天用异株花在上午8～10时授粉，此时授粉效果好，翌日重复授粉一次。花后10个月种子成熟，采收后即可播种，无休眠期。盆播，用普通培养土或沙土均可，在20℃～25℃下，经15～20天可出根，30天出芽，50天可出第一片叶。苗期注意通风，控制水分，15℃～20℃的温度有利于幼苗的锻炼。君子兰进入花期后，根茎部可萌发新芽，生芽能力随品种及栽培条件而异。大花君子兰出芽较少，垂笑君子兰出芽较多。芽生根后可用手掰下或用刀切下，掰芽比切芽成活率高些。芽取下后用木炭粉或细炉灰涂抹伤口，以减少水分蒸发；伤口干燥后，可直接栽入花盆。如幼芽无根，可先进行催根处理，将幼芽插入洁净的细沙中2～3厘米深，浇透水，常保持湿润，在20℃～25℃下经1～2个月可长出新根。幼苗经3年的种植可开花。

【栽培管理】 君子兰生命力强，易栽培管理，但生长缓慢，从播种至开花约需4年。开花的早晚与栽培技能优劣也有关系。通常第一年长出叶片2～4片，第二年长出第五至第九片，第三年长出第十至第十四片叶，第四年长出第十五至第二十片叶并开花，此后进入生殖生长，每年均可开花结果，而且有的植株一年可开2次花，可连续开花10年以上或更长。也有的君子兰可开花30年左右。营造良好的生长条件是养好君子兰的关键，主要是搞好温度、光照、水分和施肥的管理。

君子兰根系长而粗壮发达，花盆应选用通气好的高深瓦盆，其大小因苗的大小而异：小苗用口径小的深瓦盆，大苗用口径大的深瓦盆，要根据植株大小更换较大的瓦盆。如苗大盆小，根常卷曲在盆周生长，营养供应也常不足；如苗小盆大，不仅影响土壤的透气性，也影响水分供应及盆土温度变化。盆栽用土要疏松、肥沃，透气性要好。可收集林下的腐叶土混入1/3的河沙，或用市售的君子兰土并混入一些饼肥粉。每年随着植株的生长更换新盆、新土1次；换盆时，去除一些老残根，以利于新根生长。

生长的适宜温度为15℃～25℃。春、秋季是生长旺季，夏季温度太高，不利于君子兰的生长，需降温遮光，最好置放于阴凉处(25℃以下)以控制生长。如温度过高，长出的叶片细弱，叶形不好。冬季温度低，不利于君子兰的生长与开花。最好置于15℃以上的室内光照处。低于15℃生长缓慢，8℃以下则停止生长。光照不仅影响植物的光合作用，也影响植株的株形。君子兰原生于林中，有树叶遮挡，因而养成了喜半阴的习性，叶片在强光下极易发生灼伤而失去观赏价值。但弱光也降低了光合作用，使叶色变淡、叶片瘦弱，同时光照对花期花色也有影响。叶片生长方向受光的影响，如叶子方向和光照方向平行、受光均匀，每周转动花盆180°角，可保持叶形整齐，使叶片排列呈扇形，侧看一条线，正看像扇面；如不按时转动花盆，叶片易散乱分布，株形不雅。夏季，将花盆置树荫下或葡萄架下，是一个不错的选择。对水分的需求随着季季的变化而变化，苗期需水少，花期需水多；春、夏季需水多，秋天需水较少，冬天更少。土壤湿度以保持在20%～30%为宜(可用手指弹花盆，出现空声表明缺水，出现闷声，表明不缺水)。浇水应一次浇透，以盆底微流水为宜，自来水含氯气及其他物质，应静置2～3天再用。君子兰虽有一定的抗旱性，但适宜的环境空气相对湿度应以70%左右为宜。如室内湿度低，尤其北方冬季有暖气的房间，湿度常不足20%，叶面易粗糙，应在植株及周围常喷水，使湿度较适宜君子兰的需要，使其叶面光亮湿润。随着植株的生长，需肥量不断增加，各季节的需肥量也不同。春、秋季为旺长时期，可每半个月追施 1 次稀有机肥水，夏季应停止追肥，以防止徒长。冬季可少追肥，如底肥充足，也可不追肥。追肥以有机肥为宜，最好不用化肥，因化肥虽然速效但维持时间短，易造成生长忽快忽慢而影响株形。总之，浇水与施肥要看植株生长状况而定。花期有时发生“夹箭”现象（既花葶抽不出来），主要原因是营养、水分不足或温度不够引起，遇此情况，可置花盆于 25℃ 处，结合浇水，一般经过 10 天花葶就会抽出。

【病虫害防治】 病虫害较少发生。常见的病害多为生理性病害，如烂根、叶片日灼。烂根常因肥水太大或肥接触根引起。日灼则因强光照引起。注意施肥和光照的管理，则很少发生病害。虫害主要是介壳虫，吸食汁液，可用毛刷刷掉或用小刀刮掉烧毁。

五十三、金琥 *Echinocactus grusonii*

仙人掌科金琥属植物。原产于墨西哥中部，我国有广泛种植。

【形态特征】 茎圆球形，单生或丛生，高 10～130 厘米，直径 10～80 厘米，直棱 21～37 条。刺座较大，密生硬刺，刺金黄色，老刺变褐。周刺 8～10，稍向后弯曲，长 3 厘米；中刺粗，长 5 厘米。球顶密被金黄色绵毛。夏、秋开花，花着生于球顶绵毛丛中，钟形，黄色，花筒长 4～6 厘米，被尖鳞片。果圆形或长圆形，被鳞片及绵毛，基部孔裂，种子淡黑。每果有种子 100 余粒。须根，分布于近表土层。

金琥是仙人掌类知名度最高、栽培最普遍的种类之一，形态端圆，金刺灿烂，刚硬有力，广为众多花卉爱好者种植。金琥的变种为银虎（Var. albispinus），黄色的硬刺变成白色，如牙雕玉琢，更具魅力；而弯刺变种称狂刺金琥（Var. intertextus），也很名贵。

【生长习性】 喜温暖、光照，含石灰质的肥沃砂壤土。生性强健。生长适温 20℃～35℃。

【繁殖方法】 播种繁殖。发芽率高。小苗期土壤应保持湿润，苗稍大可分苗移栽，移栽时应修剪根。球茎 4 厘米时可定植。

【栽培管理】 盆土应肥沃，易透水。可用等量的粗砂壤土、腐叶土加入少量的石灰质材料及腐熟有机肥（如鸡粪、鸽粪或饼肥）配制，也可用腐殖土和风化的火山岩（日本人称赤玉土）或质量较好、颗粒均匀的黑色泥炭加粗沙混合配制。各种植盆土配方多种，但共同的标准是盆土颗粒较粗且较肥沃，并含有一定的钙质。根系浅，可用浅盆种植。盆栽最好每年早春翻盆 1 次，并更换培养土；剪短健壮根，除去腐根。种好后，先略遮荫再逐步增加光照。金琥对温度、光照要求较高，在白天为 30℃～35℃、夜晚为 15℃～20℃，有利于球体生长及新刺的形成与生长。如温度低，常只长体积不长新刺，造成棱和刺座变稀。光照也十分重要，应避开夏季强光照，但光照太弱，易向上生长呈筒状，甚至由于生长的顶端优势而致顶部突出，完全失去观赏价值。如光照斜射，应几天转动花盆 1 次；使球体各处受光均匀，保持完美的球形。冬天应置室内光照处，并常转动花盆调节接受光照方向。浇水应根据盆土干湿状况确定。金琥不怕干旱，但怕长期潮湿，应干透浇透。施肥最好用腐熟有机肥，在生长季节每月追肥 1 次，天凉及炎热夏季可停止追肥。有机肥持效期长，可缓慢提供营养，有利于球体缓慢、匀称地生长。此外，应常通风，如炎热干燥易引起红蜘蛛为害，红蜘蛛吸食汁液，损伤表皮，将降低观赏价值。热天应常观察红蜘蛛是否发生，如有发生应尽早消灭，严防它伤害球体。如浇水过多、施肥过浓或使用未充分腐熟的有机肥均会损伤根系，引起球体腐烂。金琥生活力强，如能做好通风、光照、施肥和浇水等管理工作，一般并不难养。在正常情况下，种苗经过 4 年种植，球径可达 8～10 厘米，种植 10 年可达 15 厘米左右。

五十四、鸾凤玉 *Astrophytum myriostigma*

仙人掌科星球属植物。原产于墨西哥中部沙漠地区。我国各地区均有种植。

【形态特征】 球形至短柱形，高 10～25 厘米，表面密布细小的白点，呈星点状。白点由短小白毛形成。通常具三角状 5 个棱，棱上具圆刺座，刺座无刺而具白色绵毛。春、夏开花，菊花状黄色，花生于茎顶。果实成熟时星状开裂，鸾凤玉形态多变，棱 3～7 个不等，棱少者更稀有、名贵。星点也有多有少，多者连成片，也有全无星点的。表皮光滑、无星点的称“碧琉璃鸾凤玉”；还有的斑锦变异，或红或黄，有的球体刺座上方发生具横向沟槽的变异，似龟甲状，称“龟甲鸾凤玉”。由于鸾凤玉形态、色泽多变，成为仙人掌类知名度较高，种植者较多的品种之一。

本属常见种植的尚有星球，又称“兜”，原产于墨西哥及美国得克萨斯州，像鸾凤玉一样，由于其球形、球色多变而为许多种植爱好者收集，成为仙人掌类最著名的种类之一。星球球体扁圆，高 6 厘米左右，表皮绿色，布满短丛卷毛形成的稀密不同的星点。球体通常 8 棱，棱沟浅，棱脊平缓，棱线整齐。刺座圆形，无刺，由绒毛组成，非常突出。夏季开花，菊花状，黄色。栽培中有许多类型，棱少者仅具 5 棱，多者可达 11 棱，也有表皮光亮，碧绿而无星点的；也有星点极密，丛卷毛稍长的，也有红色及黄色变异的品种。

【生长习性】 喜温暖、光照、排水良好、中等肥沃且含钙质的砂壤土。冬天应置于光照下，温度在 5℃～10℃，保持盆土干燥休眠。

【繁殖方法】 种子繁殖或嫁接。种子易发芽，在 25℃左右的条件下 5 天左右即可发芽。实生苗根系发达，但成球慢，经 3～4 年才能开花。可通过杂交培育新品种。嫁接砧木多用三棱箭（量天尺）或草球。红色或黄色斑锦品种，自身无叶绿素，必须通过嫁接吸取砧木营养存活。嫁接可使小球加快生长而早形成大球。

【栽培管理】 盆土应用中等肥力且含钙质的砂壤土种植。土壤中性即可，偏碱性也可。钙质可防止鸾凤玉表皮起褐斑，可用鸡蛋壳粉、贝壳粉或过磷酸钙、骨粉补充土壤的钙质。如光照不足，球体会向上伸长，而影响形态美和使球色不艳，也易因浇水不当而引起球烂。盆底可垫碎瓦片，以利于排水。如遇根系腐烂，可取出球晾干再置于潮沙上重新发根。星球类植物生长很慢，需营养不多，春、秋季各追施 1 次或 2 次有机肥即可。可将饼肥或鸡粪、鸽粪施于盆边后覆土，供植株缓慢吸收。冬天应置光照下休眠，整个冬季可不浇水。但嫁接于三棱箭上的球体应置于 10℃ 左右的光照下让球体休眠。三棱箭不耐寒，也易失水，可让它干旱一段时间再少浇些水，保证球体度过冬季的休眠。休眠对以后的生长开花都有益处。春、秋季是生长旺季，可本着“土干浇水，不干不浇，浇则浇透”的原则浇水。

五十五、绯牡丹

Gymnocalycium stenopleurum ‘Rubra’

仙人掌科裸萼球属植物牡丹玉的变异品种。牡丹玉原产于南美中部巴拉圭草原地区。绯牡丹又名红牡丹、红球等，在我国种植普遍。

【形态特征】 球形，直径 3～5 厘米。球体有深红色、紫红色、粉红色、橙红色等。黄色者称黄体绯牡丹，是牡丹玉的纯黄变异品种，二者形态一样，只是球色不同。球体通常具 8 棱，刺座生于棱脊上，刺座下部有颚状突起，辐射刺 5～6，短小。初夏开花，花长漏斗形，长 4～5 厘米，着生于球体顶部刺座上，花粉红色，常数朵同开，昼开夜闭，连续数日。但花并不美，以观球为主。绯牡丹冠由绯牡丹带化变异产生，鸡冠状，也是很美的园艺品种。绯牡丹由牡丹玉变异产生的斑锦品种中选出，经不断嫁接而固定下来的品种，20 世纪 50 年代作为商品推出，很快风靡世界，在我国也很受欢迎。绯牡丹色美，但自身无叶绿素，不能进行光合作用合成自己所需营养，必须嫁接于绿色砧木上，靠砧木提拱营养。绯牡丹与牡丹冠常嫁接于量天尺（又名三棱箭、三角柱，简称三角）上，也可嫁接于仙人球上，因此生长习性与栽培管理为接穗与砧木所共有。

【生长习性】 喜温暖和光照，但不宜置于强光下。要求土壤排水良好。

【繁殖方法】 嫁接繁殖。一般用平接法嫁接。将绯牡丹小球（直径 1 厘米左右）基部平切，露出维管束；同时将量天尺上端部平切，露出维管束，为防止切面凹陷太多，接穗与砧木分离，应将砧木边缘切削呈 30°角如量天尺，将平切后的三个棱各斜切去一部分，使中间稍突出，而后将平切的绯牡丹与量天尺的维管束对齐，再用细线或塑料条纵向捆绑，使接穗与砧木密切接合。用仙人球作砧木的，其嫁接方法同上。嫁接牡丹冠的，将带化的牡丹冠切成几个小块，每小块均需带有一部分带化的生长锥作接穗。嫁接成活后，小块接穗会生长成鸡冠状。量天尺用于嫁接，亲和力强，根系发达，生长期耐肥，嫁接的成株株形优美，惟一的缺点是不耐寒，也不耐水湿。仙人球（又称“花盛球”或“草球”）比量天尺耐寒，也较耐湿，生长势强。用量天尺与草球做砧木，都有繁殖容易、取材方便的优点。

【栽培管理】 避免损坏砧木量天尺是种好绯牡丹的关键所在。量天尺为热带森林中的附生类仙人掌，喜温暖、湿润、光照和通风，忌盛夏强光照。在强光照下，盆中的量天尺根系易受损伤，影响自身生长；盆中经常水湿，尤其是天凉季节盆土常湿，很容易引起茎基部及根系腐烂，将影响绯牡丹的生存。因此，种植嫁接植株，盆土应肥沃、排水性好，且保水能力要强。夏天应注意降温，适当遮光；冬天则应提供充分光照，控制浇水，防止水过大而烂根。一年四季都应盆土干后再浇水，严防盆土长期过湿。冬天温度为 5℃以下时，应整个冬天都断水；温度为 10℃左右时保持盆土微干，可少量浇水。天暖时应做到见干见湿。夏季天热干燥，绯牡丹球易受红蜘蛛为害。通风不良、闷而干旱时，红蜘蛛繁殖最快，但绯牡丹对农药敏感，喷药会造成绯牡丹腐烂，所以只能以预防为主，应注意通风，增加空气湿度。要经常观察，发现红蜘蛛为害时，可人工捕捉消灭。绯牡丹易生仔球，长到1厘米大时可用于嫁接。嫁接时间以春、秋季为宜，适宜的嫁接温度为20℃～30℃。如温度低，嫁接难愈合；在天热潮湿季节嫁接，则易发生霉烂。嫁接的植株应置于通风并有散射光处，伤口不能着水，以防止霉烂，4天左右嫁接可愈合。

五十六、令箭荷花 *Nopalxochia ackermannii*

仙人掌科令箭荷花属植物。原产于墨西哥热带山区林中，附生于树干。

【形态特征】 多年生肉质植物。茎扁平，长可达50厘米，宽3～5厘米，绿色；幼茎边缘常带红色，并具偏斜的圆齿；圆齿缺刻处生有刺座，具短细刺，是分枝或花朵着生处。中脉粗而明显。花浅碗形，大而美丽，有紫红色、大红色、粉红色、白色等。花径15～25厘米，春末至夏初开花。果椭圆形，3～4厘米长，成熟时红色。种子小而黑，通常不见结果。常见种植的还有小令箭荷花（N, Phyllahthoides），花朵较小、钟形，花径在10厘米以下。春、夏季开花，花不及令箭荷花美，但开花数多。令箭荷花花美，广为种植，目前园艺品种已超过1 000种。

【生长习性】 喜温暖、光照和湿润、肥沃的土壤，也耐干旱，但忌强光烈日。

【繁殖方法】 扦插或嫁接。将扁茎切段，每段为10厘米左右或更长，晾干伤口后插于潮湿的培养土中。但土不可过湿，否则茎段易烂。春、秋季扦插，经20天左右可生根。也可嫁接于三棱箭（量天尺）或仙人掌上，嫁接的枝条通常第二年就能开花。扦插枝通常于第三年开花。

【栽培管理】 喜肥沃土壤。种植用砂壤土(加入些腐叶土更好)加5%腐熟饼肥或禽粪。春、秋季每月追施1次有机腐熟液肥或在盆边土壤中埋入有机肥。盆土干后再浇水,耐干,忌水湿,不干不浇。夏天应避烈日,春、秋天应置于光下。天冷入室后,应置室内有光照处,尽量少浇水,让其休眠。生长期应注意及时剪除过多的侧芽,以避免营养消耗。氮肥过多,易生长过盛而影响开花。秋季应减少浇水,增施磷、钾肥,减少氮肥用量,这样可促使其茎坚实和花芽分化。冬天光照对春天开花十分重要。肥水过大、光照不足常造成植株生长繁茂而不开花。节制肥水、多见阳光,通常能使其开花。应要注意通风,通风不良易受蚜虫及介壳虫为害。

五十七、库拉索芦荟 *Aloe vera*

百合科芦荟属植物。原产于非洲,在我国种植普遍。该属可能从美国传入,又名美国芦荟。

【形态特征】 多年生草本植物。株高多在1米以下,茎短,叶排列成松散的莲座状;叶剑形,长30~50厘米,宽达8厘米,肉质,叶面凹,背凸起;叶基宽,包围于茎,向叶尖端逐渐变窄。叶面披白霜,呈灰绿色。叶斜向上生长,有的近直立。花序高50~70厘米,春天从叶腋抽出花葶,端生小花多朵,密集成穗状;花筒状,长约3厘米。植株基部常生小芽,可用于繁殖。家庭常见种植的尚有以下几种。

1. 木立芦荟(A. arboreseens) 又名龙角芦荟。茎短,叶肉质,细剑形,长20~50厘米不等,宽2~4厘米,灰绿色;叶缘有明显的刺状齿。在日本家庭种植尤为普遍,常作药用和美容用品。

2. 中华芦荟(A. vara van chinensis) 又称唐芦荟。叶草绿色,长30厘米左右,较铺散;叶面有白色条斑,特别易生分蘖,常形成群生状,一些人认为是库拉索芦荟的变种。易发生黑斑病。

3. 海虎兰(A. delaetli) 为一杂交种。叶短剑形,长30厘米,基部宽5厘米,叶面光而深绿,叶缘有短刺。是我国许多家庭常种的观叶植物,耐阴。

4. 翠花掌(A. variegata) 又名什锦芦荟、千代田锦。茎极短而不明显,叶肉质,三角状剑形,长10厘米,宽3厘米,旋叠排列成3列。叶缘密生肉质刺。叶色深绿,具银白色斑纹,非常美丽。冬、春开花,花葶高30厘米,端生小花20~30朵,橙黄色至橙红色,是花叶俱美的家庭花卉。

5. 不夜城锦(A. mitriformis) 盆栽株高多在30厘米以下。叶肉质,三角状披针形,新叶叶缘有白色齿,在老叶中变成黄褐色,叶背有明显的齿状突起多个。叶美,更受人们欢迎。斑锦品种(不夜城锦)叶两面有宽窄不等的黄色条纹斑,甚至有时全叶变黄,但黄色越多越娇贵难养,也易于发生虫害。绿叶者甚为健壮。

库拉索芦荟、木立芦荟、中华芦荟既可用于观赏,又具有护肤药用功能。其叶肉可食用,可清理肠胃,治疗便秘及胃溃疡。遇烫伤,灼伤、小疮用叶肉贴敷,能很快治愈,并且留下疤痕较小。用带叶肉的表皮贴于手、脸面等处皮肤,有保湿润肤作用。其老叶效力强于新叶,缓慢长大的苗,效力比速生苗强。家庭养几盆上述芦荟,不仅可以美化环境,还有很大的实用价值。

【生长习性】 生性强健,喜温暖、光照,耐干旱,忌水湿,对土质要求不高。

【繁殖方法】 分株或扦插。植株基部常生一些小芽,长根后可切下另种;无根的切下插于潮土中,土壤保持微潮,春、秋季20天左右可生根,土壤过湿极易引起腐烂。

【栽培管理】 芦荟生性强健,栽培管理十分容易。盆土肥沃,盆土干时浇水,芦荟均能良好生长。如过分浇水,盆土常湿,易引起叶片脱落。长期干旱则无多大影响,只是植株生长缓慢。不怕干旱,但怕水湿。应于光下种植,植株才健壮。可耐0℃低温,冬季应存放室内光照处,如封闭的南侧阳台上。整个冬季不浇水或偶尔浇点水均可，但温度应在 0℃以上。春、秋季应各追施 1～3 次有机肥，可将腐熟的饼肥粉或鸡粪埋于盆边，使养分随浇水下渗供植株吸收。植株长满盆时可更换新的培养土或更大的盆，也可结合换盆时分株。经过几年种植，植株将长得较高大，下部叶片老化、干枯、脱落，失去观赏价值。此时，可更新植株，将上半部美观部分切下，去掉下部几片叶，晾干伤口后，重新种于微潮土中。在春、秋季更新植株，约 20 天左右发根，形成具有观赏价值的新株。重新扦插的植株，盆土不能用大水浇，水大扦插的部分极易烂掉，只需保持盆土微潮即可。

芦荟通常不发生病虫害，在通风、光照良好的条件下均能健壮生长。

五十八、生石花 *Lithops* spp

生石花为番杏科生石花属植物的统称。原产于非洲的南非开普敦东北部，非洲西南部的纳米比亚大西洋沿岸的沙漠及半沙漠地区。这一带地区干旱贫瘠，为不毛之地，雨量稀少，但排水良好。

【形态特征】 为高度肉质化的多年生草本植物。株高一般在 4 厘米以下，丛生。单株侧圆锥形，由 2 片对生的肉质叶下部连结而成。顶部近卵形，中间开裂，表面常有不同的花纹或星点。花纹呈树枝状凹纹，半透明，可透过光线进行光合作用；顶部中间的一条裂缝为花朵和子株伸出的地方。种苗经 3～4 年可开花，一般秋末至冬初开花。花似单瓣小菊花，花径 4～6 厘米，通常 1 株只开 1 朵花，也有开 2～3 朵花的。花午后开放，傍晚闭合，可开放4～6 天。花后可结实，1 朵有细小种子多枚。花通常白色或黄色。每年秋末至春天，两片叶内常从裂缝处长出 1～2 对新生叶片，即为 1～2 个新株。新株吸收老叶营养，迅速生长，老叶逐渐皱缩、干枯而被 1～2 个新个体取代，久之成丛生株。

【生长习性】 喜温暖、干燥和光照充足的生长环境，生长适温为 20℃～24℃。夏季高温或冬季寒冷时均呈休眠状。

【繁殖方法】 播种或分株。种子细小,播种土可用消毒过的沙质壤土,土面要求平整。春天或秋天都可播种,种子拌沙撒播,薄覆土,上盖玻璃保湿。播后半个月左右可出苗。盆土干时不可浇水或喷水,以免冲散幼苗。用洇灌补水。由于幼苗娇嫩,如盆土过分潮湿,特别在夏季盆土过于潮湿,易腐烂。夏季是生石花休眠期,应将幼苗置于阴凉通风处;土干时,用细喷壶作雾状喷水,表土微湿即可,千万防止水多。苗密时可分苗,但分苗后 4～5 天内不能浇水,盆土微潮即可。幼苗生长极缓慢,分株应在生长季进行,将植株分开,待伤口干后可扦插在潮沙土中,20 天左右可生根。扦插生根过程严防沙土太湿,以防植株腐烂。

【栽培管理】 栽培土壤,应用排水良好的土壤如壤土加粗沙,最好再加些粗颗粒的浮石。浮石为火山喷发至地表的白色多孔轻质石。盆土应拌入一些腐熟的有机肥,如鸡粪或饼肥粉。盆土浇水后应保湿但不存水。其生长季节主要在春、秋两季,冬暖也可生长。在生长季节应光照充足,冬季也应光照充足。生石花生长很慢,消耗营养不多,生长季节可每月追 1 次稀有机液肥,也可施用 0.2%复合化肥液或在盆边施一些腐熟饼肥粉。秋凉花后逐渐进入冷冬,应停止施肥,并减少浇水。如室温高于 15℃,可浇水保持盆土微潮。如室温低于 13℃,则应保持盆土干燥,节制浇水。从春末至夏初生石花就陆续进入休眠,夏季炎热,大多数种类生石花均进入休眠,此时就应控制浇水,炎夏则应停止浇水,表土干时可用细喷壶在土表喷一些水,使植株表土微湿即可。夏季还应将生石花置于通风、凉爽、有散射光且雨水淋不到的地方安全度夏。生石花主根长,主根上侧根极少,常在主根末端有少许须根连着毛细根,毛细根是吸收营养的器官,因此用深盆种植更好。

生石花共有 89 个种,品种更多。由于生石花植株特别,花纹美丽繁多,所以它一直吸引着不少花卉爱好者,更有一些人痴迷于生石花不同品种的收集。

生石花很少发生病虫害，最为常见的是“骤死病”。该病事前并无明显症状，但会使生石花突然死亡。一般多以软腐死亡，由土壤中的真菌引起。植株先呈透明状，很快腐烂，无法挽救。常发生于早春、晚秋及夏季的闷热天气，和表土过湿、通风不良有关。故应注意通风、见光，保持盆土表面干燥，植株老叶皱缩，新株长出时防止叶面存水，这样可减少病害发生。此外，生长季可每隔 10 天浇 1 次多菌灵 800 倍液。连浇 3～4 次，消灭盆中的病菌，以减少病害发生。

相关链接：目前十分受人喜爱的魔玉（lapidaria margaretae）为魔玉属植物；帝玉（Pleiospilose nalii）为对叶花属植物；金铃（Argyroderma roseum）为银叶花属植物，它们均属番杏科植物，原产于南非，其生长习性及栽培管理与生石花十分相似。它们具有雕刻美，颇似工艺美术品。花似小菊花。金铃叶面灰绿，光滑；帝玉叶面有深色的透明状小圆点，这是二者的区别。它们的种植管理可参照生石花的做法。

五十九、肉锥花 *Conophytum* spp

肉锥花为番杏科肉锥花属植物的统称。原产于南非西北部及纳米比亚的西南部的不毛之地。当地雨量少，土壤颗粒粗，透水性好。

【形态特征】 为多年生肉质草本植物。常丛生。有的单株由一对肉质叶组成，二个肉质叶全连形成半圆球形锥状体，仅顶部中央有一浅沟，土面之上呈半球形；有的下部连接，土面之上 2 片叶各呈扁心形，每片叶上部有深浅不同的凹陷。凹陷深者，人们称剪刀形（或铗形），浅者形如马鞍，人们称鞍形；二片叶全连者称球形。叶灰绿色至绿色。球形者常有不同的网纹。花通常单生于两叶之间的缝中，花色多种，有紫红色、橘红色、黄色、白色等。花小、菊花状，多于晚秋开花。少数种类春天或夏天开花。花径 4 厘米左右，常有香味。种子细小。本属植物88种，园艺品种更多，以不同的形态及花纹吸引一大批多肉植物爱好者。

【生长习性】 喜温暖、光照、通风良好的环境条件，不耐酷暑与寒冷，喜疏松、排水良好的土壤。

【繁殖方法】 请参阅生石花。

【栽培管理】 肉锥花的栽培管理与生石花十分相似，比生石花管理难度稍低。春、秋季是肉锥花的主要生长季节，冬暖也可生长。生长适温为18℃～25℃。冬季最低温度应维持在5℃以上。盆土应疏松、肥沃、排水良好，掺入有机肥，维持供肥时间长。追肥可施用复合化肥稀溶液。生长季节1个月追肥1次。天冷应控制浇水，停止施肥。天热植株进入休眠，应停止浇水和施肥，只需在表土干时喷少量水即可。夏季应置于通风、阴凉处，应掌握盆土宁干勿湿的原则。秋天可更换盆土，结合换土分株，用刀分开植株，伤口干后(约晾2天即可，时间长些也无妨)种植，2～4天后再少量浇水。水过大易引起植株腐烂，土壤保持微潮，开始生长后再正常浇水。该属和生石花一样，生长缓慢，需肥量不大，施肥浓度应稀，为一般花卉施肥浓度的一半即可。通常施有机肥，不施化肥。

六十、玉　扇　*Haworthia truncata*

百合科十二卷属植物。原产于南非开普省。现许多国家引种，我国也有许多种植爱好者。

【形态特征】 为多年生小型肉质植物，地上无茎，由8～12枚长方形扁平肉质叶分成两列，紧密互生排列成扇形。每片叶长2～4厘米，上宽下窄，叶宽2厘米左右，叶厚0.3～1.2厘米不等，顶端平截。叶直立，稍向内弯，暗绿褐色至绿色，叶面粗糙，具小疣状突起。幼叶端部截面稍透明，有些品种截面上有花纹。本种园艺品种甚多，叶色、厚薄、截面大小有较大变化。叶色暗褐、叶厚、截面宽大并有菊花纹者为上品，斑锦变异品种更为珍稀。斑锦品种常具淡黄色条纹，甚至个别叶片全部黄化，十分美观。

【生长习性】 生性较强健，喜凉爽、光照柔和和疏松、排水良好的土壤。忌高温高湿。夏季炎热休眠。不耐寒，怕烈日暴晒。

【繁殖方法】 分株或叶插。植株长大后，叶基常生一些小芽，待长根后切下，晾干伤口后种植。春、秋季也可用完整无损的叶片插入洁净的沙中，保持沙土湿润，1 个半月左右可生根，并长出小芽数个。种植新株，土壤微潮即可，水大易烂，成活后再正常管理。

【栽培管理】 栽培土壤应疏松、肥沃，排水透气，含有较粗的沙粒或火山岩碎粒及石灰质。用普通的砂壤土添加一些腐叶土、腐熟饼肥粉和粗沙也可种植。该属性喜凉爽，生长适温为 16℃～20℃。冬季可置于室内光照处，夏季应避开强光照，置半阴的通风处。春秋季为生长旺季，冬天 15℃以上也可生长，在夏季炎热时休眠。春、秋季可 1 个月追稀有机液肥 1 次，土干浇水。夏天炎热休眠时应停止追肥，控制浇水。玉扇叶肉质且厚，耐旱，盆土干时稍浇水，使盆土微潮即可。水大易使根系腐烂。新上盆的植株在当年春、秋季可不追肥，夏季高温及冬季也无须追肥，冬季天气较冷凉，也应控制浇水。只在盆土干时适当浇水。冬季可耐 5℃低温，甚至可短期耐 0℃低温，但最好置于 10℃以上光照处。根系可分泌一些酸性物质，对自身根系有害，甚至可造成根系死亡，应每年翻盆更换种植土一次。

本属以下常见种类均为花卉爱好者尤其是多肉植物爱好者所种植。它们的肉质叶肥厚，叶质软，叶片短肥，统称为十二卷属中的软叶系，由于其株型奇特，生长繁殖很慢，均较为珍贵，其中斑锦变异品种尤为珍贵。它们均产于非洲南部，其生长习性、栽培管理和玉扇基本相同。这些种类有如下 3 种。

1. 寿（H. comptoniana） 叶肉质，卵圆状三角形，10 余片至 20 片呈莲座状排列。株幅常小于 15 厘米，叶长 4 厘米，宽 2 厘米。叶缘有明显的网状脉纹，叶面平，叶背凹起，叶质厚。叶茎可生小芽用于繁殖。但小芽均较少。也可用整片叶扦插繁殖，植株生长及繁殖都很慢。寿的种类较多，品种更多，其中斑锦品种少而珍贵。

2. 万象(H. maughanii) 又名毛汉十二卷，是拉丁名的音译。地上无茎，仅见短棒形叶呈疏松轮状排列于土表下的茎上，叶长3厘米，直径1～1.5厘米，顶端截形如大象足底，故名。叶褐绿色或绿色，截面稍有透明感，有的截面上有白色花纹，还有的部分叶片呈黄色泛红斑纹，更显稀少和名贵。

3. 玉露(H. Cooperi) 肉质叶莲座状排列，叶近圆形或长圆形；叶色绿，顶端呈透明或半透明状，称为“窗”。叶面常有深色纵线条，叶端有细小的“须”。本种园艺品种很多，并且易于和本属的其他种类杂交，因而大大丰富了本类植株的观赏性。例如，玉露和寿杂交，产生“玉露寿”；和万象杂交，产生“玉露万象”。本种植物植株小，显得晶莹剔透，颇具观赏性。

上述植物主要用于观叶，花并不美，常于春、夏季从叶丛中生出一细弱花序，端生小花数个。如不将它们用于杂交繁殖，可早从基部将花序去掉。但通过杂交，也可培育出新的品种，但从播种至成苗需较长的时间。通过人工授粉，可得种子。种子可随采随播。播种土壤可用普通的培养土或腐叶土与对半的蛭石混合配制，为防止苗期病虫害发生，对播种土壤要消毒，以消灭病菌及虫卵。播种土加水湿后置微波炉中消毒，播种后盖玻璃或塑料薄膜保温，经15天左右出苗后，逐渐通风，并注意播种土壤保持湿润、适时分苗，同时注意挑选变异植株。

玉扇在通风不良和过分潮湿时易受介壳虫为害，有时也会受蚜虫为害，应注意经常观察和防治。通常注意通风、加强管理和培养壮苗，虫害并不多见。如有介壳虫发生，用刀刮除或在盆中埋少许铁灭克颗粒，通过植株吸收毒杀虫害。

六十一、石 莲 花 *Echeveria glauca*

景天科石莲花属植物，又名玉碟。原产于墨西哥高海拔地区，在我国有较广泛种植。

【形态特征】 为多年生常绿肉质草本植物。叶侧卵形，端带小尖，匙状，披白粉，浅绿色。由几十枚叶片形成标准的莲座状叶盘，形似池中莲花，晶莹如翠玉。冷凉季节，叶尖与叶缘稍红。以观叶为主。花期从叶丛中抽出花葶，高 25 厘米左右，端生蝎尾状聚伞花序，小花铃状下垂，橘红色。

本属常用于栽培观赏的多为匙状肉质叶，莲座状排列，十分美观，为人们所喜爱。在我国种植时间较久，国内约有 10 余种。目前，更为人们喜爱的有以下品种。

1. 吉娃莲(E. chihuahuaensis) 又称吉娃娃。株幅 8 厘米左右，为小型莲座状；叶肥厚，披白粉，蓝绿至灰绿色，叶长 3～4 厘米，宽约 2.5 厘米；叶缘与叶尖红色，冷凉季节尤红；花红色。叶色变化较多，又形成不同的园艺品种。株形小巧、美观，深受人们喜爱。最适宜在桌案、窗台摆放。

2. 黑王子(E.‘Black prince’) 匙形叶黑紫色，光照不足时，心时常为暗绿色。叶色和光照有关，深浅常有所变化。

3. 特玉莲(E. ruoyonii‘Topsy turvy’) 叶灰绿色，叶长匙状，叶面中央稍呈纵向隆起，叶背则相应微凹，顶端向内弯，叶形奇特。

4. 金晃星(E. pulvinata) 俗名鹿绒掌。叶侧披针形，端尖，平展，密被短绒毛，秋末至初冬叶端及叶缘呈红色，十分美观。冬初抽出带叶的花茎，开红色小花。

5. 雪莲(E. laui) 多年生肉质草本。株高 6 厘米左右。叶片卵圆形，肥厚，微呈匙状，布满白粉，莲座状排列，植株雪白雅观。夏秋季开花，花茎高 10 余厘米，弯垂；上部开橙红色花。

6. 大和锦(E. purpusorum) 原产于墨西哥。叶卵状，三角形，先端急尖，莲座状排列，叶红褐色或绿色，有红色斑点。总状花序高 30 厘米，花红色，端黄，春、夏季开花。

【生长习性】 喜凉爽、光照和干燥。不耐寒，耐干旱，忌积水与强光照。适宜生长温度为 15℃～25℃。对土壤要求不严，但以疏松、肥沃的砂壤土为宜。

【繁殖方法】 植株下部易出基生芽，可切下扦插。完整的叶片也可用于扦插。春季在潮湿沙土中扦插，1 个月左右生根发芽。

【栽培管理】 生性强健，易栽培成功。盆土用肥沃的砂壤土，置通风光照处，干时浇水，均可成活。耐旱怕湿，干旱数日不会干死，水大却可淹死。春、秋季可每个月追肥 1 次，如底肥充足也可 1 个季度追肥 1 次。忌夏季高温湿热，夏季炎热时呈休眠状，应置放凉爽、通风的半阴处，停止施肥，控制浇水。冬季冷凉，生长明显减缓，应置于室内光照处，控制浇水，停止施肥。盆土不干透不浇水，浇水只需维持盆土稍潮湿即可。如果常置于半阴处，茎会伸长，叶片排列松散，将降低观赏性；增强光照，叶片排列紧凑，更显莲座状的优美。

六十二、清盛锦

Aeonium decorum f. vauegatum

景天科莲花掌属植物，又名夕映爱、灿烂等。原产于加纳利群岛，现国内多有种植。

【形态特征】 多年生矮小灌木，高 25 厘米左右，茎略木质化。盆栽常呈草本状，株高一般在 15 厘米以下。叶卵圆状披针形，端渐尖，叶绿色；新叶杏黄色，叶缘红色，有细齿，叶肉质，两侧微向中弯。株幅多在 15 厘米以内。花期在夏季，聚伞花序，小花筒状、白色，先端红色。本种株形优美，尤其在冬、春季中心叶呈美丽的杏黄色带红色叶缘，具有极高的观赏价值。

【生长习性】 喜温暖、有柔和光照和通风的环境条件。稍耐寒，也较耐旱，适宜在疏松、肥沃的砂壤土中种植。

【繁殖方法】 扦插繁殖。植株下部易生分枝，在春、秋季切取分枝，插于培养土中，盆土保持微潮湿，置阴凉处不久即可生根。

【栽培管理】 生性强健。适于砂壤土种植。盆土干透时浇水，盆土常保持微潮。在夏季要避开强光，将其置于通风、凉爽处，并节制浇水。冬天也应控制浇水。盆土肥沃时，春、秋季各追1～2次肥即可。秋凉后应置于室内光照处。冬季置室内光照处，温度在15℃以下易形成鲜艳的叶色。

清盛锦引入我国虽然只有数年，因其观赏性强，易于繁殖，现种植已较普及。

本属常见种植的尚有以下两个品种。

1. 黑法师(A. arboreum. Var. atropurpureum) 为矮小灌木。紫黑色叶呈莲座状排列，新叶侧卵形，老叶长侧卵形，似一朵紫黑色的菊花。切取新生的整个叶盘扦插。小株单个莲座状叶盘，大株可具几个莲座状叶盘，均十分美丽。应常见光照，如在弱光下久放，叶色易变墨绿，失去紫黑色的美丽。

2. 花叶寒月夜(A. subplanum ‘f. Variegata’) 园艺栽培种，叶肉质、舌状，中心叶卵圆状，叶中央绿色，两侧黄色，叶缘则泛红，具细齿，叶呈莲座状排列，为美丽的观叶植物。用侧生芽扦插繁殖。

参考文献

［1］陈俊愉，程绪珂，等．中国花径．上海：上海文化出版社，1990.

［2］卢思聪，等．室内观赏植物．北京：中国林业出版社，2000.

［3］胡一民．观花植物栽培完全手册．合肥：安徽科学技术出版社，2005.

［4］金波，等．室内观叶植物．北京：中国农业出版社，1998.

［5］胡松华，余志满．洋兰．北京：中国林业出版社，2004.

［6］谷祝平．洋兰——艳丽神奇的世界．成都：四川科学技术出版社，1991.

［7］刘海涛，吴焕忠．观赏凤梨．广州：广东科学技术出版社，2004.

［8］徐民生，谢维荪．仙人掌类及多肉植物．北京：中国经济出版社，1991.